JN120337

上級職長 レベルアップ教育テキスト

職長の能力向上のために 第3版

知識の再確認と悩みの解決に向けて

建設労務安全研究会　編

労働新聞社

はじめに

建設業界は現在、かつてない大きな転換期を迎えています。

防災減災対策や社会インフラの再整備などの公共工事により、堅調な建設投資が続く中、若年労働者の入職の減少や熟練労働者の大量の退職による技能労働者をはじめとする人材不足の顕在化など多くの課題が残され、労働災害防止対策の不徹底や安全衛生管理水準の低下が懸念される状況となっています。

かかる状況下、現場ごとに異なる作業環境や個別条件に即応できる人材に依存せざるを得ない建設業においては、現場で直接施工機能を中心的に担う優秀な「職長」が力を発揮して高い生産性を実現することが、「良いものを、安く、安全に」提供するためのカギとなっています。

こうしたことから、現場で働く作業員をまとめ、元請との密接な連携のもと、他の職種の職長とともに必要な調整を行い、作業員へは効率的な施工方法、手順の提案などができ、かつ工事の円滑化を図れる優秀な職長の確保・育成・活用が求められています。

現在、職長のための教育テキストは各種出版され、職長教育の教材として使用されていますので、今回は新任職長を対象としたものではなく、５年以上、さらには10年以上のベテラン職長に対してのフォローアップ教育と能力向上を目的としたテキストを作成しました。

ベテラン職長として長年現場に携わってきた中では、元請と会社・作業員との間に立ち、現場を運営する過程で色々な問題を解決していかなければならず、多くの悩みを持っています。例えば、作業員への教え方、指示の仕方、コミュニケーションの取り方などです。

そこで本書では、それらの悩みの解決に向けて、職長に必要な基礎知識の再確認および労働安全衛生法で努力義務化されたリスクアセスメントの進め方、ヒューマンエラー防止活動に加えて、職長としての悩み・困ったことを解決した各種優良事例など最新の方策を紹介したうえで、ベテラン職長が部下の作業員をどのように指導・教育したらよいのかについて、分かりやすく解説しています。

本書を、現場での責任施工および生産条件に的確に対応できる管理能力（果たすべき役割）が発揮できる、いわば“上級職長に位置付けられる優れた職長の確保・育成”のための教材としてご活用いただき、建設業の労働災害防止に役立つことを願っております。

令和３年９月

建設労務安全研究会　理事長　　本多　敦郎

基発 0220 第 4 号　平成 29 年 2 月 20 日

建設業における職長等及び安全衛生責任者の能力向上教育に準じた教育について

建設業の職長等の能力向上教育に準じた教育及び安全衛生責任者の能力向上教育に準じた教育については、安全衛生教育推進要綱（平成３年１月 21 日付け基発第 39 号）（以下「推進要綱」という。）別表の２の（３）及び（５）において示されているところです。

建設業における労働災害防止を推進する上で、職長等及び安全衛生責任者の果たすべき役割はますます大きくなっていることから、今般、推進要綱に基づき、建設業の職長等の能力向上教育に準じた教育等の詳細について下記の通り定めたので、了知いただくとともに、傘下会員に対し周知いただくようお願いします。

記

1　建設業に係る事業者は、職長等の職務に従事する者について、職長等の職務に従事することとなった後概ね５年ごと及び機械設備等に大幅な変更のあったときに、建設業に従事する職長等の能力向上教育に準じた教育（以下「職長等能力向上教育」という。）を受けさせるものとすること。また、安全衛生責任者の職務に従事する者についても、同様に安全衛生責任者の能力向上教育に準じた教育を受けさせるものとすること。

2　職長等能力向上教育のカリキュラムは、別添１によること。また、安全衛生責任者については職長が兼ねることが多いことから、建設業に従事する職長等及び安全衛生責任者の能力向上教育に準じた教育（以下「職長・安全衛生責任者能力向上教育」という。）として実施し、そのカリキュラムは別添２によること。

3　安全衛生団体等が職長等能力向上教育又は職長・安全衛生責任者能力向上教育を行う場合は、次に掲げる者から講師を充てること。

（１）「職長等教育講師養成講座及び職長・安全衛生責任者教育講師養成講座について」（平成 13 年３月 26 日基発第 177 号）（以下「第 177 号通達」という。）の別紙２に示す職長・安全衛生責任者教育講師養成講座を修了した者

（２）「建設業における安全衛生責任者に対する教育及び職長等教育講師養成講座等のカリキュラムの改正について」（平成 18 年５月 12 日付け基発第 0512004 号）による改正前の第 177 号通達（以下「旧第 177 号通達」という。）の別紙３に示す職長・安全衛生責任者教育講師養成講座を修了した者（旧第 177 号通達の記の３に基づき所定の科目を修了した者を含む。）であって、第 177 号通達の別紙２の科目４の「（１）危険性又は有害性等の調査の方法」及び「（２）危険性又は有害性等の調査の結果に基づき講ずる措置」に相当する科目を受講した者

（３）　建設業における安全衛生について、上記（１）（２）と同等以上の知識及び経験を有すると認められる者

なお、事業者が実施する職長等能力向上教育及び職長･安全衛生責任者能力向上教育についても、上記に示す者を講師に充てることが望ましいこと。

4　安全衛生団体等が実施するものにあっては、一回の教育対象人員は 50 人以内とすること。なお、グループ演習を行う場合は、受講者を 10 人以下のグループに分けること。

5　平成 26 年度から平成 28 年度に実施された「建設業職長等指導力向上事業」による職長等の再教育は、別添１の教育と同等以上の教育とみなすこと。

6　安全衛生団体等が職長等能力向上教育又は職長・安全衛生責任者能力向上教育を実施した場合には、修了者に対してその修了を証する書面を交付するとともに、教育修了者名簿を作成し、５年以上保管すること。

（別添１）

建設業に従事する職長等の能力向上教育に準じた教育カリキュラム

科目	範囲	時間
職長等として行うべき労働災害防止に関すること	建設業における労働災害発生状況 労働災害の仕組みと発生した場合の対応 作業方法の決定及び労働者の配置 作業に係る設備及び作業場所の保守管理の方法 異常時等における措置 安全施工サイクルによる安全衛生活動 職長等の役割	90 分
労働者に対する指導又は監督の方法に関すること	労働者に対する指導、監督等の方法 効果的な指導方法 伝達力の向上	60 分
危険性又は有害性等の調査等に関すること	危険性又は有害性等の調査の方法 設備、作業等の具体的な改善の方法	30 分
グループ演習	以下の項目のうち１以上について実施すること。 •災害事例研究 •危険予知活動 •危険性又は有害性等の調査及び結果に基づき講ずる措置	130 分

（別添２）

建設業に従事する職長及び安全衛生責任者の能力向上教育に準じた教育カリキュラム

科目	範囲	時間
職長等及び安全衛生責任者として行うべき労働災害防止に関すること	建設業における労働災害発生状況 労働災害の仕組みと発生した場合の対応 作業方法の決定及び労働者の配置 作業に係る設備及び作業場所の保守管理の方法 異常時等における措置 安全施工サイクルによる安全衛生活動 職長等及び安全衛生責任者の役割	120 分
労働者に対する指導又は監督の方法に関すること	労働者に対する指導、監督等の方法 効果的な指導方法 伝達力の向上	60 分
危険性又は有害性等の調査等に関すること	危険性又は有害性等の調査の方法 設備、作業等の具体的な改善の方法	30 分
グループ演習	以下の項目のうち１以上について実施すること。 •災害事例研究 •危険予知活動 •危険性又は有害性等の調査及び結果に基づき講ずる措置	130 分

職長の能力向上のために

—知識の再確認と悩みの解決に向けて—

対象者：５年以上の職長経験者

職長等の教育

（安衛法第 60 条、安衛則第 40 条）

第２章

職長に必要な基礎知識

①統括管理とは
②職長・安全衛生責任者の職務はここが違う
③事業者責任について
④作業方法の決定と作業者の配置
⑤安全施工サイクル
⑥異常時・災害発生時における措置
⑦「労災かくし」の排除のために

第３章

職長が行うリスクアセスメント

①リスクアセスメントの考え方・進め方
②リスクアセスメントで災害原因と対策を考える

第６章

作業員に対する効果的な指導および教育方法

①教育の基本原則
②教え方の効果的な進め方
③職長の良い指示の与え方
④コミュニケーションの取り方
⑤現場が求める創意工夫
⑥現場が求める作業改善の仕方
⑦ヒヤリ・ハットと危険予知活動
⑧災害事例から学ぶ

能力向上教育に準じた教育

（基発第39号 平成３年１月21日、最新改正基発 1012 第１号 平成 28 年 10 月 12 日：法定外教育）

第１章

建設業の労働災害の動向と課題

①労働災害の現状
②課題

第４章

職長が行うヒューマンエラー防止活動

①人間の行動特性の分析
②ヒューマンエラーは防止できる

第５章

職長としての悩み・困ったことを解決した優良事例

①職長としての悩み・困ったこと
②悩み・困ったことを解決した優良事例

目次

第１章　建設業の労働災害の動向と課題

第2章　職長に必要な基礎知識

第３章　職長が行うリスクアセスメント

第４章　職長が行うヒューマンエラー防止活動

第5章　職長としての悩み・困ったことを解決した優良事例

第6章　作業員に対する効果的な指導および教育方法

第1章
建設業の労働災害の動向と課題

建設業における労働災害の現状と様々な課題、例えば小規模工事での災害多発、高齢者問題、新規入場者の死亡災害率、経験年数や重層下請負別による被災率、職業性疾病の多様化など、分析をまじえて記載しています。

1-1　労働災害の現状

（１）建設業における労働災害の現状

建設業の労働災害は、全産業と同様に長期的には減少傾向にあり、その間の推移を死亡者数で見てみると、下図に示すとおり、昭和 36 年の 2,652 人をピークに、労働安全衛生法が施行された昭和 47 年から 4 年間で半減に近い状態にまで減少した。その後、経済の安定期、バブル形成期の間に年間の死亡者数は 1,000 人の壁を破ったが、バブル崩壊・停滞期の平成 11 年の建設業労働安全衛生マネジメントシステムの導入を境に 800 人を下回り、その後も着実に減少を続けている。平成 22 年から令和元年までの 10 年間でも 25％以上の減少となっており、令和 2 年には年間の死亡者数が 258 人となり、過去最少となったが、その後増加に転じている。

死亡災害発生状況の推移

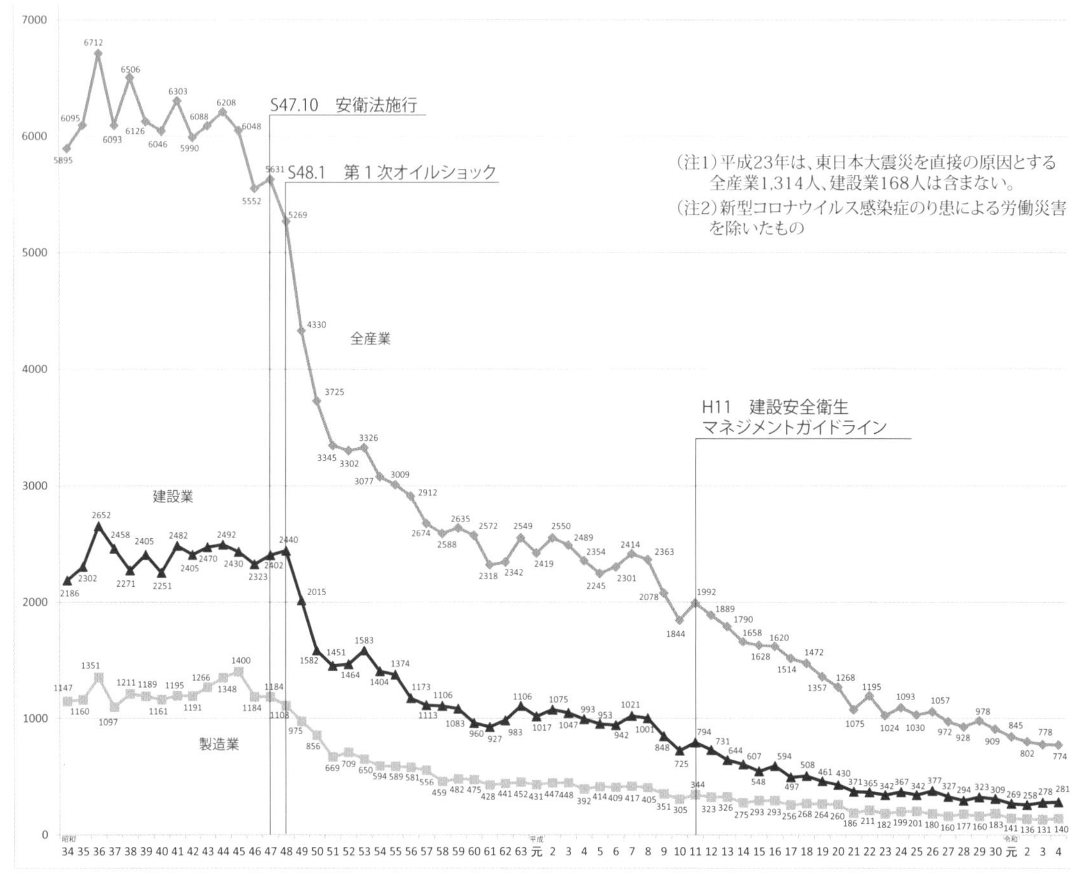

建設業を取り巻く環境については大変厳しく、長期的な建設投資の減少等によるコスト競争の激化から建設業界全体が縮小傾向にあったが、平成23年３月に発生した東日本大震災に伴う復旧・復興に向けた各種工事が本格化し、また、社会インフラの再整備などの公共工事の増加などによる建設投資の拡大が期待される。しかし、国際情勢による資機材高騰等の不安要素もある。

一方では、若年労働者の入職の減少や熟練労働者の大量の退職、また、技能労働者をはじめとする人材不足の顕在化や資機材の調達問題など、まだまだ多くの課題が残されている。

各企業の労働災害防止活動については、従来は、労働安全衛生関係法令に規定された最低基準としての労働災害防止措置を実施していたが、事業者が自主的な安全衛生活動を全社的かつ積極的に展開し、職場内のリスクの低減に取り組んでおり、近年の労働災害防止活動に変化がみられる。

また、平成18年４月から施行された改正労働安全衛生法によりリスクアセスメントが努力義務化され、それを受けて労働安全衛生マネジメントシステムに関する指針の改正および危険性または有害性等の調査等の指針が示された。

これは、事業者が労働者の協力のもとに一連の過程を定めて、継続的に行う自主的な安全衛生活動を促進し、事業所の安全衛生水準の向上を図るとともに、労働災害の防止を目指すものである。

これを受けて、現場では、工事に係わる危険性または有害性の調査結果をもとに「計画を立て」、「計画の実施」、「実施結果を点検確認し」、「評価を踏まえて見直し、改善する」というＰＤＣＡサイクルを実施している。

（2）令和４年の建設業における労働災害の分析

①　建設業の労働災害が全産業に占める割合

業種別休業４日以上の死傷災害の発生状況

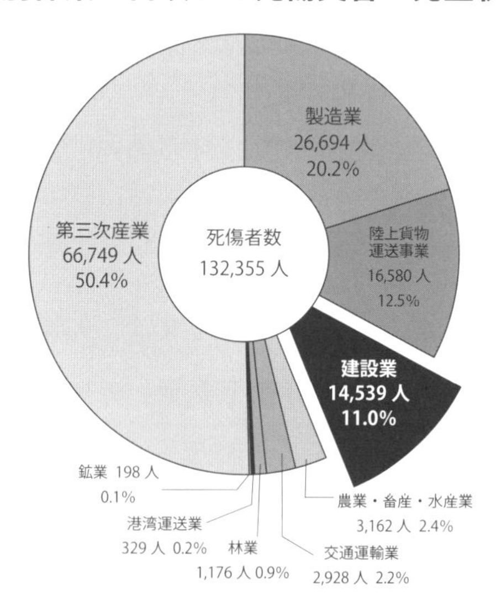

建設業の死傷災害は、前年より 400 人ほど減少して 14,539 人となり、全産業に占める割合は 11.0%（前年 11.4%）となった。10 年前（平成 24 年）の 17,073 人と比べ死傷災害は約 15%減少したものの、依然として憂慮すべき状況が続いている。

業種別死亡災害の発生状況

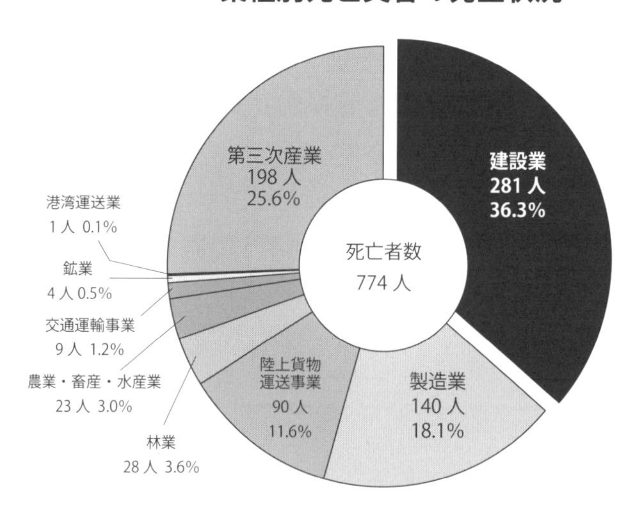

建設業の死亡災害は 281 人であり、前年より 3 人増加した。全産業に占める割合は 36.3%（前年 35.7%）と高い比率を占めている。

②　事故型別死亡災害発生状況

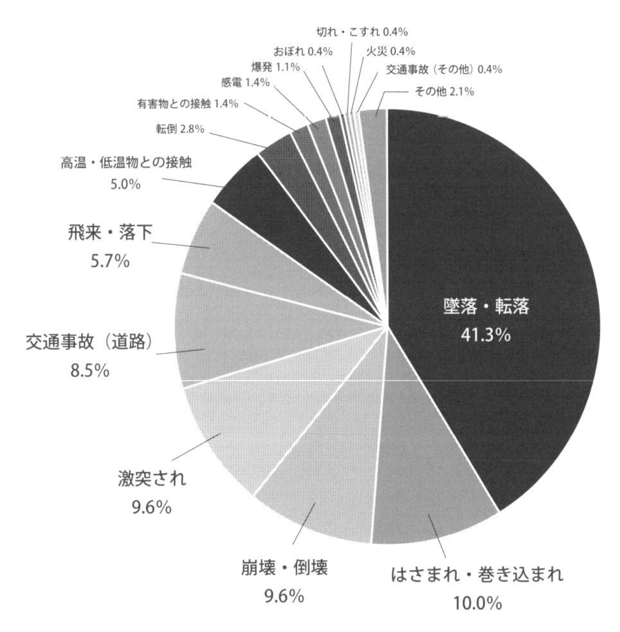

墜落・転落、はさまれ・巻き込まれ、崩壊・倒壊、激突され、交通事故（道路）、飛来・落下による災害の順に多く、全体の 8 割を超えている。特に、墜落・転落災害は、前年比 6 人増加して 116 人となっているうえ、全体に占める割合は 41.3%と高い比率を占めている。

1-2 課題

（1）小規模工事での災害多発

労働災害による休業４日以上の死傷者数を事業場の規模別にみると、規模 49 人未満の事業場で全体の約 94％の災害が発生しており、身近なところに災害発生の要因が多く潜んでいることがうかがわれる。

小規模工事でこのように災害が多く発生している要因としては、以下のことが考えられる。

①　比較的短い工期に伴う施工方法の検討不足

②　安全衛生管理体制の未構築や設備の不備

③　管理監督者の安全管理のレベル低下（目が行き届かない等）

④　震災復興・復旧工事などへ他の業界から転入してきた新規参入者が多く、危険に対する感性の低下、ヒューマンエラーや作業員の経験不足　など

事業場規模別死傷災害発生状況（令和４年）

（休業４日以上の死傷者数＝ 14,539 人）

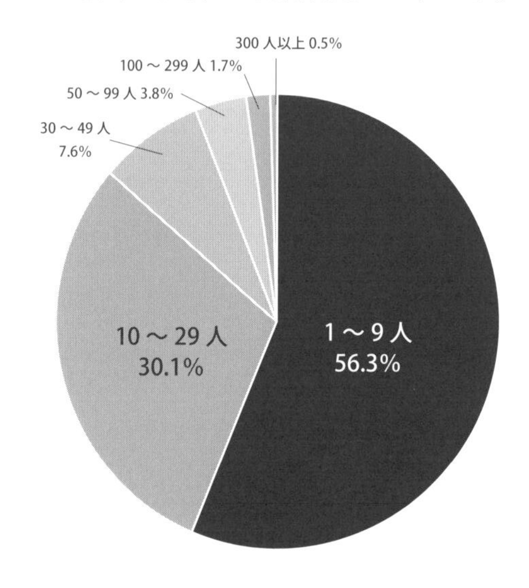

（2）高齢者問題

就労年齢別に災害の発生状況を分析すると、40歳～60歳以上の中高年作業員の死傷災害発生率が66.6％を占めている。

中高年齢者の災害発生要因としては、以下のことが考えられる。

① ベテラン中高年者の作業に対しての慣れ、自分の技量の過信、作業手順・安全指示・指導事項の軽視

② 加齢による体力の衰え、不適当な就労配置

③ 新規入場者の作業の軽視　など

就労年齢別の死傷災害発生状況（令和４年）

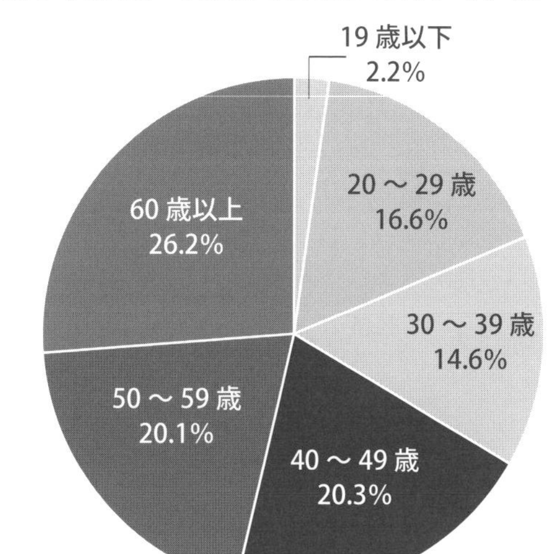

（3）新規入場直後の死亡災害率

新規入場後の日数別に死亡災害の発生状況を分析すると、現場入場して３週間以内の被災率が全体の６割近くを占めており、特に、入場初日～７日以内の被災率はおよそ４割余りを占めている。このような災害発生状況は、毎年ほぼ同じ傾向を示している。

現場入場後の災害発生の要因としては、以下のことが考えられる。

① 送り出し教育、新規入場者教育の不徹底および教育不足

② 作業の特殊性や環境の把握・認識不足および不慣れ

③ 作業所ルールの遵守不徹底

④ 安全作業指示やミーティング時での指示事項に対する理解および周知不足

そのため、職長等は現場の大小を問わず、新規入場者に対して作業場内の危険箇所や立入禁止区域を現地で認識させること、担当する作業に関する危険性または有害性とその対策など、新規入場者教育を徹底させなければならない。

現場入場後の日数別死亡災害発生状況（令和２年）

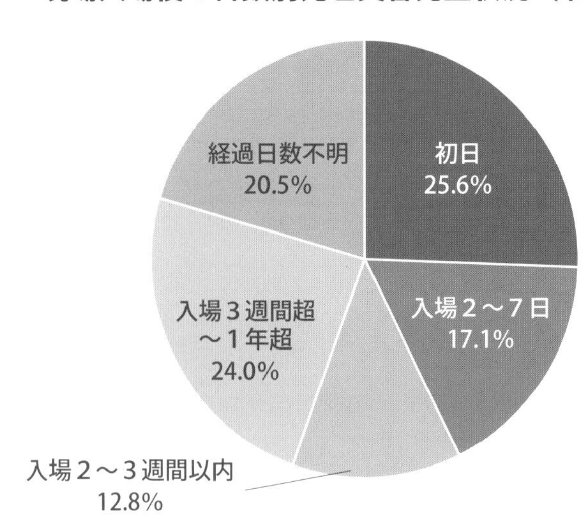

（4）経験年数による被災率

経験年数別に災害の発生状況を分析すると、10 年から 20 年以上の熟練労働者の被災率は、全体の半数近くを占めている。

経験年数別の災害発生の要因としては、以下のことが考えられる。

① ベテラン作業員による慣れ、自分の技量の過信による危険軽視など、危険性または有害性に対する感性の低下

② 安全指示・指導事項の軽視

③ 施工計画書、作業手順どおりの作業の軽視および周知の不徹底

④ １年以下の作業員（被災率 19.2％）では、経験不足による技量の未熟および不慣れ

経験年数別の休業 4 日以上死傷災害発生状況（平成 29 年）

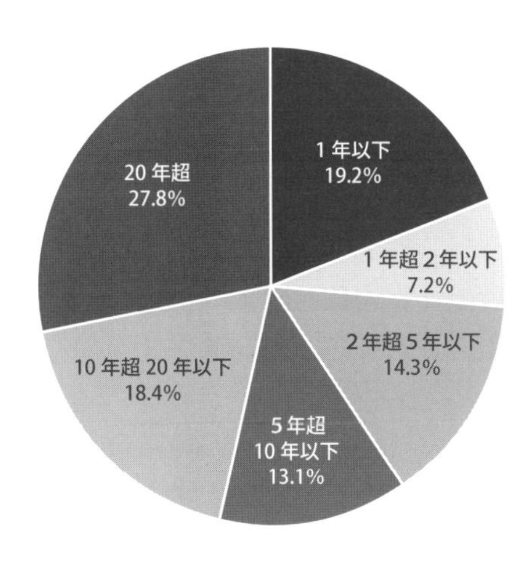

（5）重層下請負別による被災率

施工体系別に災害の発生状況を分析すると、１次下請負以外の業者が全体の約７割を占めており、安全衛生教育の不徹底、職長等による監視不足があげられる。

経験年数別の災害発生の要因としては、以下のことが考えられる。

①　送り出し教育、新規入場者教育の不徹底および教育不足

②　安全作業指示、ミーティング時の指示事項に対する理解および周知不足

③　作業員の技量・熟練度の未把握および不適正な就労配置

④　作業の特殊性や環境の把握・認識不足および不慣れ

重層下請負別の災害発生状況（平成 18 年）

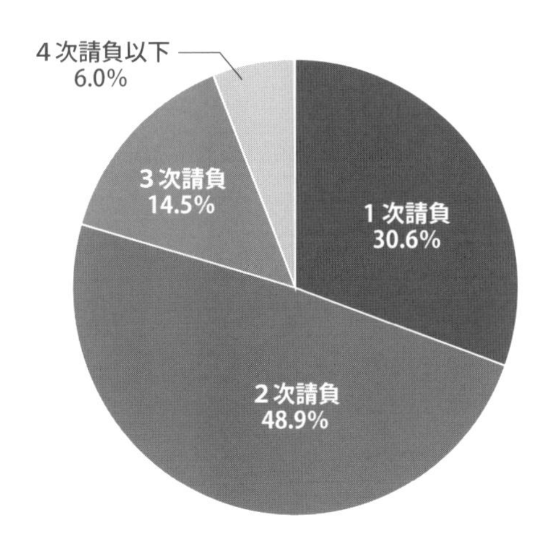

以上のとおり、いろいろな側面からの発生要因があることから、職長は元請関係者と知識、経験、技術を出し合って、適切な対応を取ることが必要となる。

（6）職業性疾病の多様化

職業性疾病は広く職業に関連して起きる全ての疾病をいい、例えばヒュームなどある種の粉じんを吸収することによって肺に繊維増殖性変化が起きるじん肺、鉛の粉じんを吸収することによって中毒等を起こす疾病、皮膚や呼吸器から吸収され脳などに入り中毒を起こす有機溶剤等がある。

それらの防止対策や法整備も適時行われてきたが、近年ますます職業性疾病の多様化が進んできている。

主な職業性疾病については、次表のとおりである。

建設業で多い主な職業性疾病一覧表

種類	多い職種や作業	発生要因
①　腰痛症	・重量物の取扱い・運搬を伴う職種 ・中腰等不自然な姿勢での長時間作業	・腰部に対する過度な重量負担や慢性筋肉疲労
②　振動障害	・手持ち振動工具（チェーンソー、刈り払い機、削岩機、チッピングハンマ、コンクリートブレーカ、携帯用研削盤、鋲打ち機）等を取り扱う作業	・振動による手指の収縮による血液の流れの減少
③　酸素欠乏症	・地下作業、マンホール内作業、トンネル工事	・酸素不足
④　一酸化炭素等有毒ガス中毒	・通気不十分な場所における暖房用器具・練炭コンロ等の不完全燃焼 ・ガソリンエンジン等の稼働（地下空間などで換気が悪い場合） ・タンク内の炭酸ガスアーク溶接作業 ・ダクト内の被覆アーク溶接作業	・一酸化炭素濃度の高い空気へのばく露 ・高濃度の一酸化炭素の吸引による中毒 ・肺から血中に入った一酸化炭素が赤血球のヘモグロビンと結合して体の組織が酸素不足に陥る
⑤　じん肺（石綿肺等）、職業ガン	・トンネル等坑内作業員、コンクリート解体作業員、溶接工、石綿含有建材取扱い作業	・粉じんに長期間さらされるために起こるじん肺 ・発ガン因子吸入によるガン
⑥　有機溶剤中毒	・塗装作業、内装作業	・有機溶剤の吸入や皮膚吸収による精神神経障害 ・血液障害
⑦　騒音性難聴	・坑内作業、発破作業、コンクリート解体作業	・内耳神経等、感音器官のマヒ
⑧　硫化水素等有毒ガス中毒	・地下作業、マンホール内作業、圧気工法作業、トンネル工事作業、溶接作業	・炭酸ガス、メタンガス等の突出による窒息、有毒ガス吸入による中毒
⑨　熱中症	・炎天下での屋外作業、アスファルト溶解作業	・発汗による体温調節が間に合わない ・水分、塩分の補給が不十分 ・休憩時間が少ない
⑩化学物質健康被害	・塗装の剥離作業	・剥離剤に含有しているベンジンアルコール等にばく露

<参考資料>

■「石綿障害予防規則等一部改正」のポイント

厚生労働省では、建築物の解体・改修等におけるばく露防止対策に関する検討会を設け、現在の技術的知見等も踏まえ、報告書をとりまとめた。それを踏まえ、「石綿障害予防規則等の一部を改正する省令」が令和２年７月１日に公布され、併せて関連告示も整備された。

（１）解体・改修工事開始前の調査

・事前調査の方法を明確化（設計と初冬の確認及び目視による確認の必須化等）を行う（令和３年４月施行）。

・石綿が含有されているとみなして措置を講じる場合は分析調査を不要とする規定を吹き付け材へ適用する（同上）。

・事前調査を行う者及び分析調査を行う者の要件※を新設する（令和５年10月施行）。

※　石綿障害予防規則第３条第４項の規定に基づき厚生労働大臣が定める者（令和２年厚生労働省告示第276号）及び石綿障害予防規則第３条第６項の規定に基づき厚生労働大臣が定める者（令和２年厚生労働省告示第277号）

・事前調査及び分析調査の結果の記録等（記録項目の明確化、３年保存の義務化、作業場への記録の写しの備え付け義務化等）に関する規定を整備する（令和３年４月施行）。

（２）解体・改修工事開始前の届出の拡大・新設

・計画届の対象を拡大（作業届対象作業を計画届の対象に見直し）する（同上）。

・解体・改修工事に係る事前調査結果等の届出制度（建築物及び特定の工作物に係る一定規模以上の改定・改修工事について事前調査結果等の届け出義務化等）を新設する（令和４年４月施行）。

（3）負圧隔離を要する作業に係る措置の強化

・隔離・漏洩防止措置（隔離解除前の除去完了確認、集じん・排気装置の設置場所等変更時の点検、作業中断時の負圧点検の義務化）を強化する（令和３年４月施行）。

（4）隔離（負圧は不要）を要する作業に係る措置の新設

・けい酸カルシウム１種を切断等する場合の措置（隔離（負圧は不要）の義務化）を新設する（令和２年 10 月施行）。

・仕上げ塗材を電動工具を使用して除去する場合の措置（隔離（負圧は不要）の義務化）を新設する（令和３年４月施行）。

（5）その他の作業に係る措置の強化

・石綿含有成形品に対する措置（切断等による除去の原則禁止）を強化する（同上）。

・湿潤な状態にすることが困難な場合の措置（除じん性能を有する電動工具の使用等の発散抑制措置の努力義務化）を強化する（同上）。

（6）作業の記録

・40 年間の保存義務がある労働者ごとの記録項目を追加（事前調査結果の概要及び作業実施状況等の記録の概要を追加）する（同上）。

・作業計画に基づく作業実施状況等の写真等による記録・保存を義務化する（同上）。

（7）発注者による配慮

・事前調査及び作業実施状況等の記録の作成に関する発注者の配慮義務を定める（同上）。

■「金属アーク溶接等作業における健康障害防止措置」のポイント

安衛法では、化学物質であって、製造の許可・譲渡時の情報提供等の規制対象とすべきものについて政令で定めることとされている。新たに「溶接ヒューム（アーク溶接時に発生）」「塩基性酸化マンガン」について、神経障害等の健康障害を及ぼすおそれがあることが明らかになったことから、安衛令、特化則等を改正し、金属アーク溶接作業で発生する溶接ヒュームが特定化学物質（第２類物質）となり、令和２年４月22日に公布され、令和３年４月から施行された。建築作業を中心に、主な改正内容を紹介する。

（1）特定化学物質の追加

溶接ヒュームを発生するアーク溶接作業等について、特定化学物質作業主任者の選任が必要になる。

「特定化学物質及び四アルキル鉛等作業主任者技能講習」（12時間講習）を修了した者のうちから作業主任者を選任する。

なお、金属アーク溶接作業のみであれば、令和６年１月から新設される「金属アーク溶接等作業主任者限定講習」（６時間教育）を修了した者のうちから選任してもよい。

（2）屋内作業における全体換気装置による換気等

金属溶接作業を行う屋内作業場については、溶接ヒュームを減少させるため、全体換気装置による換気の実施又はこれと同等以上の措置を講じなければならないこととする。

（3）有効な呼吸用保護具の使用

金属アーク溶接等作業に労働者を従事させるときは、有効な呼吸用保護具を使用させなければならないこととする。

（4）掃除等の実施

金属アーク溶接等作業に労働者を従事させるときは、作業を行う屋内作業場の床等を、水洗等によって容易に掃除できる構造のものとし、水洗等粉じんの飛散しない方法によって、毎日１回以上掃除しなければならないものとする。

■「一人親方等に対する保護措置」に関する安衛則等の省令改正のポイント

建設作業で石綿（アスベスト）に暴露し、肺がん等に罹患した元労働者や一人親方が、国を相手取り、規制が充分であったか争った「建設アスベスト訴訟」の最高裁判決において「防じんマスクの着用義務付けなど規制権限の行使を怠った国の責任」と認定され、石綿の規制根拠である安衛法22条は、労働者だけでなく、同じ場所で働く労働者でない者も保護する趣旨と判断された。

この判決を受け、安衛則をはじめとする安衛法22条に関する11省令が改正された（令和4年4月施行）。

（1）改正により追加された保護措置

①　労働者以外の者にも危険有害な作業を請け負わせる場合は、請負人（一人親方、下請業者）に対しても、労働者と同等の保護措置を実施する。

②　同じ作業場所にいる労働者以外の者（他の作業を行っている一人親方や他社の労働者、資材搬入業者、警備員など契約関係は問わない）に対しても、労働者と同等の保護措置を実施する。

（2）改正の要点

①　健康障害防止のための設備等の稼働等に係る規定の改正

②　作業実施上の健康障害防止（作業方法、保護具使用等）に係る規定の改正

③　場所に関わる健康障害の防止（立入禁止、退避等）に係る規定の改正

④　有害物の有害性等を周知させるための掲示に係る規定の改正

⑤　労働者以外の者による立入禁止等の遵守義務に係る規定の整備

■「足場等からの墜落・転落防止措置」に関する安衛則改正のポイント

建設業における墜落・転落防止対策を一層充実・強化するために、厚生労働省は「建設業における墜落・転落防止対策の充実強化に関する実務者会合」を設置し、令和４年10月に報告書がまとめられた。当該報告書を踏まえ安衛則が改正され、令和５年３月14日に公布された。

（1）一側足場の使用範囲を明確化

主に狭あいな現場で使用される一側足場については、その構造上、安衛則に定める手すりの設置等の墜落防止措置が適用されないために、一側足場からの墜落・転落災害が発生していることを踏まえ、本足場を使用するために十分幅がある場所（幅が１メートル以上の場所）においては、本足場の使用を義務付ける。ただし、つり足場を使用するとき、又は障害物の存在その他の足場を使用する場所の状況により本足場を使用することが困難なときは、この限りではないこととする（令和６年４月施行）。

（2）足場の点検を行う際、点検者を指名することを義務付け

足場（つり足場を含む。）からの墜落・転落災害が発生している事業場においては、安衛則で義務付けられている足場の点検が行われていない事例が散見されていることを踏まえ、事業者又は注文者による足場の点検が確実に行われるようにするため、点検者をあらかじめ指名することを義務付ける（令和５年10月施行）。

（3）足場の完成後等の足場の点検後に記録すべき事項に点検者の氏名を追加

事業者又は注文者が悪天候若しくは地震又は足場の組立て、変更等の後の足場の点検を行ったときに記録及び保存すべき事項（現行では当該点検の結果及び点検結果に基づいて補修等を行った場合にあっては、当該措置の内容）に、当該点検者の氏名を追加する（同上）。

■「化学物質の自律的な管理を基軸とする規制への移行」のポイント

現在、国内で輸入、製造、使用されている化学物質は数万種類にのぼり、その中には、危険性や有害性が不明な物質が多く含まれている。さらに、労働災害のうち、特化則等の規制対象になっていない物質に起因するものが約８割を占めている。これらを踏まえ、従来、有機則、特化則等の特別則の対象となっていない物質への対策強化のため、化学物質を製造・取扱う事業者が危険性・有害性の情報に基づき行うリスクアセスメントの結果に基づき、ばく露防止措置を適切に実施するという、自律的な管理へ移行を主眼とした法令改正が行われた（令和４年度に改正省令、告示等を公布）。

（1）リスクアセスメント対象物質に係る措置

①　令和５年現在、674 物質あるリスクアセスメント対象物質が順次 2,900 物質程度まで追加される。

②　労働者がリスクアセスメント対象物質にばく露される程度を、代替物、換気、作業方法改善、呼吸用保護具使用等により最小限度にする（令和５年４月施行）。

③　リスクアセスメント対象物質のうち、厚生労働大臣が定める物質については、屋内作業場で労働者がばく露される程度を厚生労働大臣が定める濃度基準以下としなければならない（令和６年４月施行）。

④　②、③に基づく措置の内容、労働者のばく露状況について、労働者の意見を聞く機会を設け、記録を３年間（がん原性物質は 30 年間）保存する（同上）。

（2）化学物質の自律的な管理のための実施体制の確立

①　化学物質管理者の選任

リスクアセスメント対象物質を製造、取扱い、譲渡提供する事業場は、化学物質の管理に係る業務を適切に実施できる能力を有する者から選任し、リスクアセスメント実施の管理等を行わせる。取扱う事業場では、専門的講習の修了者が推奨されている（令和６年４月施行）。

②　保護具着用管理責任者の選任

リスクアセスメントに基づき労働者に保護具を使用させる事業場は、保護具について一定の経験及び知識を有するから選任し、有効な保護具の選択、使用状況の管理等の業務を行わせる（同上）。

（３）皮膚障害化学物質への直接接触の防止

皮膚・眼刺激性、皮膚腐食性又は吸収され健康障害を引き起こしうる有害性に応じて、当該物質又は当該物質を含有する製剤を製造又は取扱う業務に労働者を従事させる場合には、労働者に皮膚障害防止用保護具を使用させる（令和６年４月施行）。

第2章
職長に必要な基礎知識

この章では、職長の職務に初めて就くときに受講した安全衛生教育（労働安全衛生法第60条）のうち、現場の安全衛生活動上必要不可欠な項目について再確認していただきます。

2-1 統括管理とは

一般的に建設工事現場では、元請業者、下請業者等、複数の事業者が同一の場所において混在して作業を行うことが多い。労働災害を防止するためには、各事業者が自社の雇用する作業員に対して行う安全衛生管理とは別に、その現場全体を統括的に管理する必要がある。このように複数の事業者の作業員が同一の場所で混在して作業することによって生ずる労働災害を防止するために実施される一連の合理的、組織的な安全衛生管理が「統括管理」である。

統括管理の実施責任者は特定元方事業者であるが、建設現場で統括管理を実施する者、即ち安衛法の要求する統括管理の義務を実施する責任者は、通常各現場で施工管理の権限・責任を有している現場所長となる。

下図において、特定元方事業者等は安衛法第 30 条によって、［ ］内の関係請負人の作業員に関して統括管理を行わなければならない。

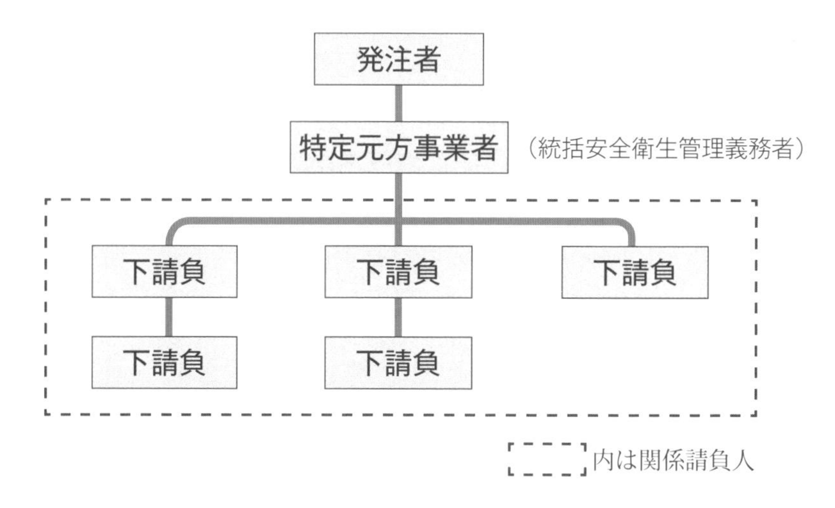

関係請負人とは、仕事が数次の請負契約によって行われる場合の特定元方事業者以外の下請負人をいう。

特定元方事業者が実施すべき安衛法上の措置義務の多くは、関係請負人が行う作業の連絡・調整、指導であり、作業員に対する労働災害防止の措置は、本来関係請負人の責務である。

2-2 職長・安全衛生責任者の職務はここが違う

職長は現場の監督者としての立場から、直接作業員に作業の進め方を指導し、監督する必要があり、一部の職務は安全衛生責任者と同一であるものの、本質的にはそれぞれの立場と職務が異なる。

しかし、一部の大規模工事を除き、多くの建設現場では、1人で両方の職務を遂行せざるを得ない現場もあり、安衛法による安全衛生責任者と職長を兼務している者が多い。

安全衛生責任者に選任された職長は、安全衛生責任者として、元請の責任者（統括安全衛生責任者）と協力して災害防止を図る中心人物となる。

安全衛生責任者の職務は、統括安全衛生責任者との連絡、および連絡を受けた事項を関係者に伝えることの他に、

① 統括安全衛生責任者から連絡を受けた事項のうち、自分たち（関係請負人）の請負部分に係わるものを実際に行い管理すること。

② 自分たち請負人（関係請負人）が作成する作業計画について、統括安全衛生責任者によく説明し、意見交換を図ること。

③ 自分たちが後次の下請を持っていたら、後次請負人の安全衛生責任者と作業についての充分な連絡調整を図ること。

などがある。

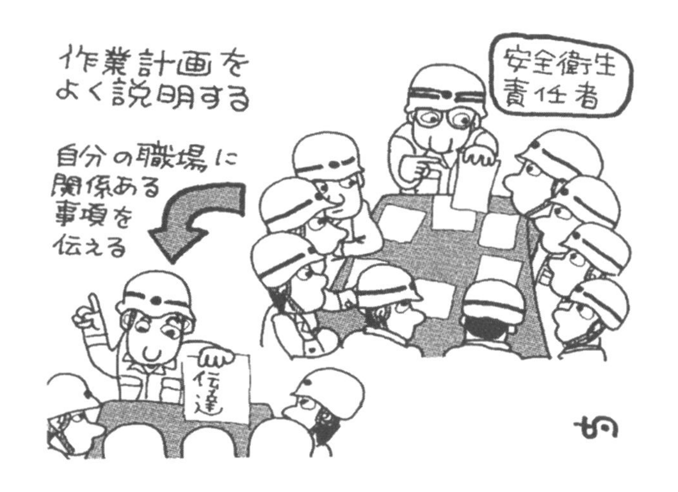

安全衛生責任者に選任されていない職長であっても、労働災害を未然に防止するため、統括安全衛生責任者からの連絡や指示について自分たちの仕事の中にしっかり反映させなければならない。

特に、重層下請となった場合の上下の連絡調整として、後次の請負人（自分たちの下請の職長）と仕事に関する連絡事項、および法に定められた内容の適切な履行は、法のもとでの義務付けとなっているので注意することが必要である。

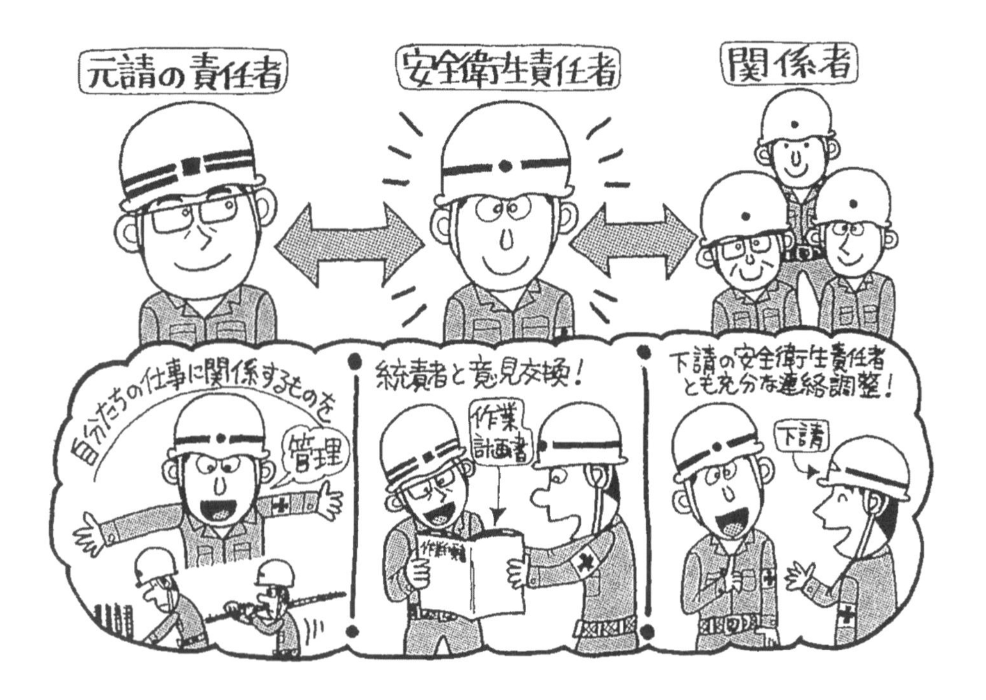

職長・安全衛生責任者の位置付けと職務は次のとおりである。

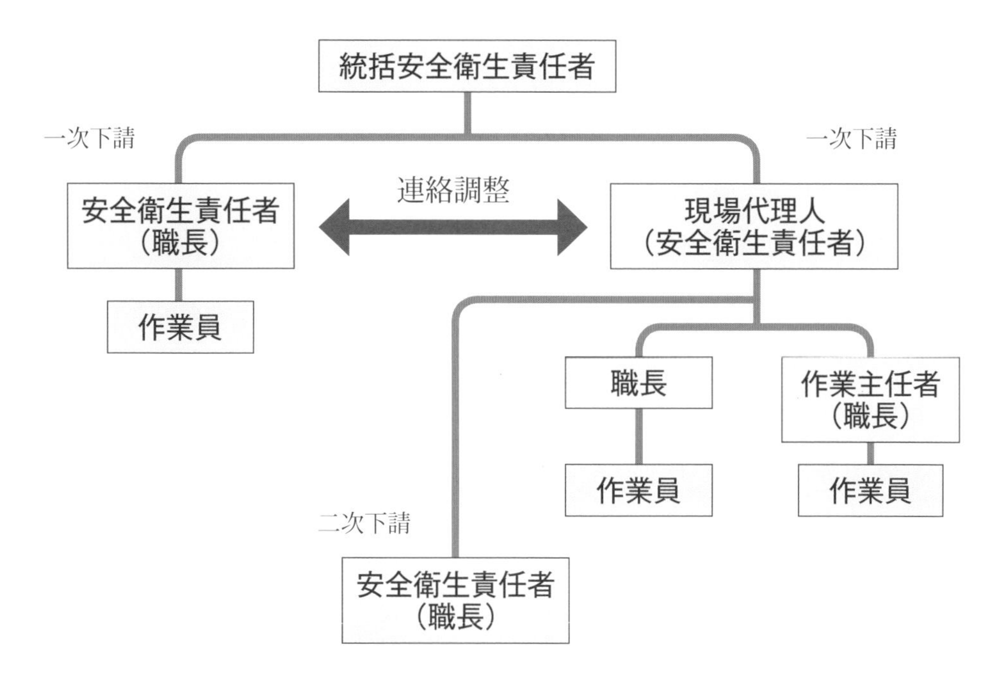

①　職長は、現場の運営に携わり、品質（Q）、コスト（C）、工程（D）、安全（S）、環境（E）について管理・監督を行う。

②　安全衛生責任者は、自社の社長の代理として、現場で統括安全衛生責任者、関係請負人の上位・下位の安全衛生責任者、他職種の安全衛生責任者との連絡調整を行い、自社の作業員に連絡事項を伝達することが主な職務である。

職長の職務（安衛法第 60 条、安衛則第 40 条）

職長は監督者の立場から、直接作業員に作業の進め方を指導する。

①　作業方法の決定および作業者の配置

②　作業進行状態の監視と指導

③　作業設備、作業場所の点検および保守管理

④　異常時、災害発生時における措置

⑤　作業者の安全意識の高揚

⑥　作業方法の改善

⑦　危険性または有害性等の調査の実施と結果に基づく措置※

⑧　その他現場監督者として行うべき労働災害防止活動に関すること

※職長・安全衛生責任者が行う危険性または有害性等の調査と措置
　職長・安全衛生責任者は、作業内容を詳しく把握し、危険性または有害性を洗い出し、リスクを見積り、評価して、リスク除去・低減させるための措置を検討しなければならない。

安全衛生責任者の職務（安衛法第 16 条、安衛則第 19 条）

安全衛生責任者は、関係請負人の経営首脳者と建設現場の管理監督者として、特定元方事業者の統括安全衛生責任者、関係請負人の先次および後次の安全衛生責任者、他の関係請負人の安全衛生責任者との連絡および調整を行い、自社で実施すべき連絡事項を実施すべき役割を担っている。

①　統括安全衛生責任者との連絡調整

②　統括安全衛生責任者から連絡を受けた事項の関係者への連絡

③　統括安全衛生責任者からの連絡事項のうち、当該請負人に係るものの実施についての管理

④　関係請負人がその労働者の作業の実施に関し作成する計画と、特定元方事業者が作成する計画との整合性を図るための統括安全衛生責任者との調整

⑤　混在作業によって生ずる労働災害に係る危険の有無の確認

⑥　仕事の一部を再下請させる場合は、後次の請負人の安全衛生責任者との連絡調整

職長の職務と安全衛生のキーポイント

〈職長の職務〉		〈キーポイント〉
作業方法の決定および作業員の配置について		1．作業手順を正しく定めているか 2．作業員の配置は適正か 3．作業員へ事前に手順を周知したか
作業進行状態の監視と指導について		1．作業は予定通りに進んでいるか 2．作業中の監督および指示は良いか
作業設備、作業場所の点検および保守管理について		1．設備の安全化、作業の改善に努めているか 2．環境条件の保全に努めているか 3．安全衛生点検を十分に行っているか
異常時、災害発生時における措置について	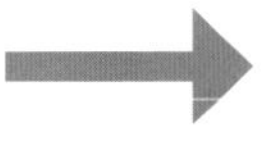	1．異常時において迅速に措置できるか。災害時の心構えは良いか 2．過去に起こった災害の防止対策がよく反映されているか 3．計画の変更時、非定常時の措置（計画）の対応が行えるようになっているか
作業員の安全意識の高揚について		1．作業員に対する指導・教育は十分か
作業方法の改善について		1．作業方法に改善すべき点はないか
危険性または有害性等の調査の実施について		1．危険性または有害性等の調査および結果に基づいた対応を行っているか 2．労働災害防止のため、継続的改善を行っているか
その他災害防止活動に関することについて	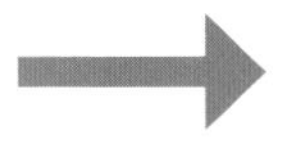	1．労働災害防止について関心の保持に努めているか 2．労働災害防止についての作業員の創意工夫を引き出すことを実践しているか

※　職長の各職務に対する実施すべき項目をキーポイントとして列挙しました。職長の職務に漏れがないかどうかチェックしてみてください。

2-3 事業者責任について

職長は事業者から委譲された権限（下記）の範囲で、社長に代わり事業者責任を負わなければならない。

事業者の講ずべき措置（安衛法）

第 20 条　機械設備・爆発物等による危険防止措置
第 21 条　掘削等・墜落等による危険防止措置
第 22 条　健康障害防止措置
第 23 条　建設物等についての必要な措置
第 24 条　作動行動についての必要な措置
第 25 条　危険急迫時作業中止・退避等
第 25 条の 2　重大事故発生時の安全確保措置

労働災害が発生した場合、事業者が背負う４つの責任として、刑事責任、行政責任、民事責任、社会的責任があり、一般的に事業者の４大責任という。これが広義の事業者責任といわれるものである。

労働災害に伴う４大責任

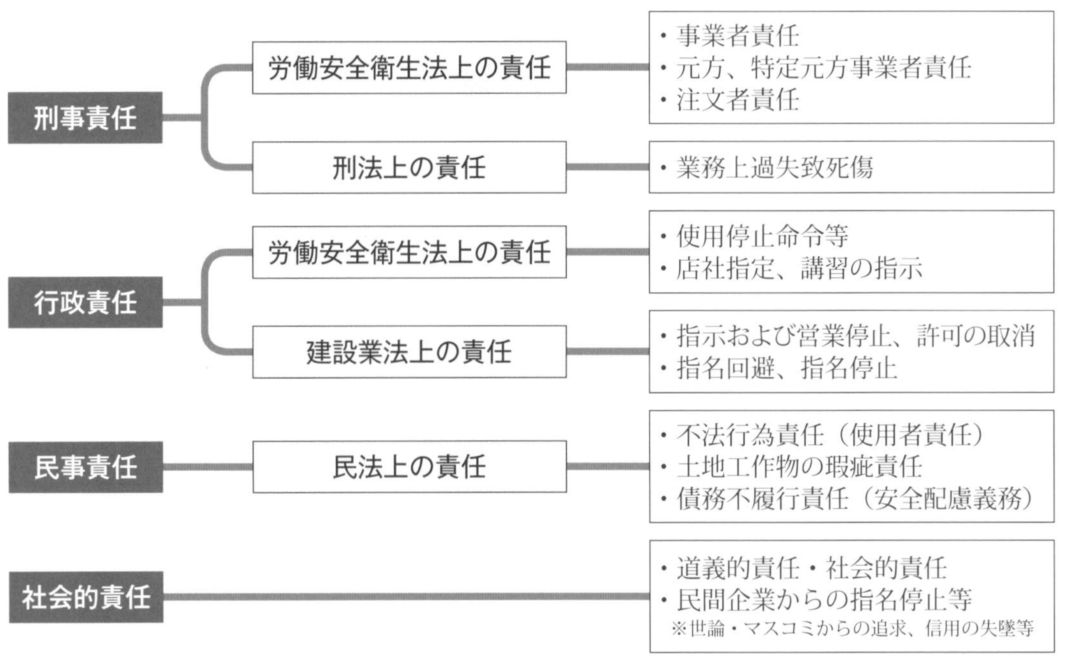

（1）刑事責任

①　労働安全衛生法上の責任（法令の順守が基本）

例えば、資材置場に鉄筋を満載したトラックが入ってきた。近くにバックホウが1台あるだけで、荷降ろし用にクレーンは用意していない。玉掛けは、バックホウの運転手もトラックの運転手も資格がない。

そこへ鉄筋業者の職長がきて、「いいからバックホウのツメで引っ掛けて降ろせ」と指示し、職長は現場を立ち去った。

労働安全衛生法では何が違反か、皆さんおわかりのことと思う。そう、玉掛けの無資格作業、建設機械の用途外使用、法令違反を知っての無理な指示などである。

この時点で、この職長は、労働安全衛生法上の責任を問われることになる。それと同時に、安衛法第122条によって「法人」も同様の処罰を受ける。これを「両罰規定」という。

②　刑法上の責任（被害者が出れば犯罪になる）

刑法においての「罪」とは、労働安全衛生法と比較してどのように違うのか。刑法においては、「被害者」が出て初めて責任が問われる。

すなわち、トラックの運転手が鉄筋の下敷きとなり負傷した、または死亡したことは、玉掛け資格のない運転手に玉掛けをさせ、バックホウでの吊り込みを指示したことが原因である。

当事者は、当然荷が滑って落ちるであろうことの危険予知、および安全を確保すべき注意義務を怠った。そこに“犯罪”が成立し、職長の責任が問われることになる。

加害者としての過失が明らかになったとき、作業員あるいは職長、元請の管理監督者などの個人が刑事責任を問われる。この場合、刑法第211条「業務上過失致死傷等」が適用される。

司法処分（刑事手続き）のフローを次に示す。

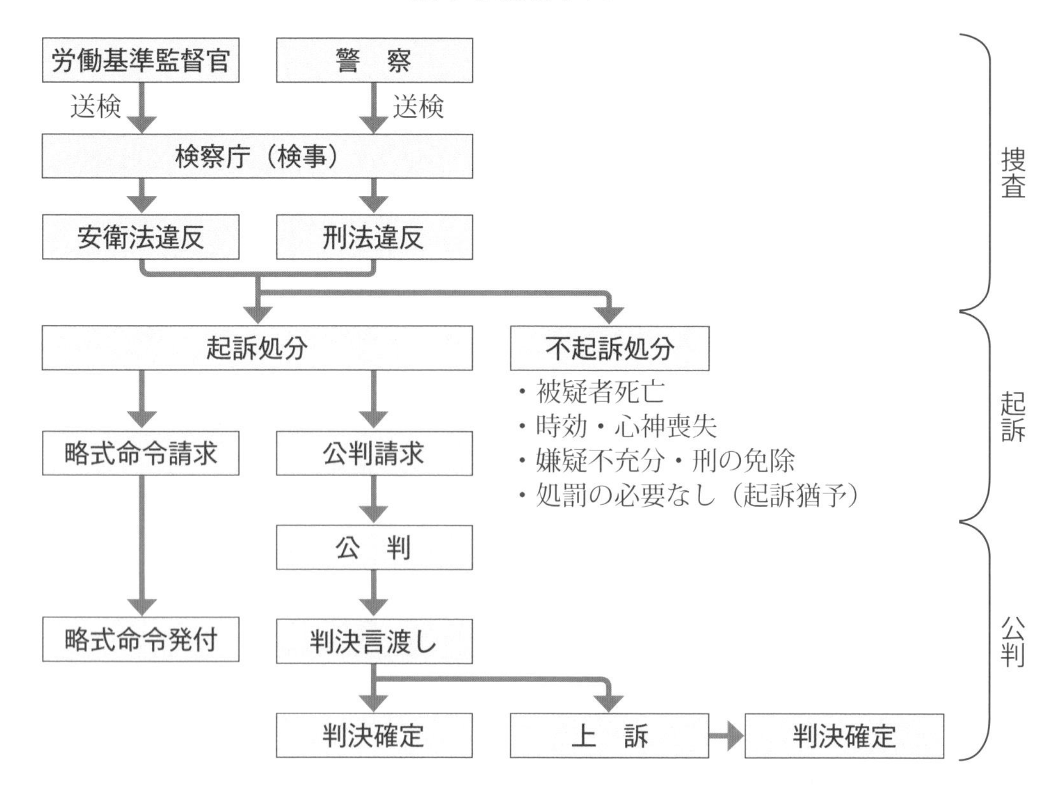

◆送検とは
　＜警察の場合＞
　　身柄送検…被疑者として逮捕されたとき身柄を送致すること
　　書類送検…逮捕せずに任意捜査を行ったとき、事件の書類を送致すること
　＜労基署の場合＞
　　事前送検…災害が発生していない場合でも明らかな法違反が認められたとき、災害の未然防止のため送検すること
　　事後送検…災害が発生した後に、明らかな法違反が認められたとき送検すること
◆捜査とは…証拠を集めて事実関係を明らかにすること
◆起訴とは…罪の有無について裁判所に審判を求めること
◆公判とは…裁判所で行われる審判の手続きのこと
◆略式命令とは…公開の法廷での審判を省略し、書類だけで審理すること
◆過失とは…ある事実を認識、予見することができたにもかかわらず、注意を怠って認識、予見をしなかった。あるいは、結果の回避が可能だったにもかかわらず、回避するための行為を怠った。日常的用語では、不注意、誤り、失敗と読み替えられる。

（2）行政責任

①　労働安全衛生法上の行政処分等

労働安全衛生法は建設物、設備等に関し、労働者の危害を防止するために必要な措置を定めており、この法律に違反した事実があるときは、都道府県労働局長または労働基準監督署長が設備等の改善を命令する。

この命令には、使用停止命令、変更措置命令、立入禁止命令、作業停止命令等があり、これに違反した場合には罰則が適用される。

このほかに、労働基準監督官が指導票を交付することがある。指導票については特に罰則はないものの、勧告に準じて是正する必要がある。

②　建設業法上の行政処分

労働災害に関連し、建設業法第28条に規定する「指示および営業の停止」に該当する場合と、「指名回避または指名停止」制度に該当する場合がある。

（3）民事責任

民事上の責任とは、被害者が被った損害を回復、またはその損害を補てんするために加害者と被害者との間でその負担を公平に行うことで、被害者の救済を図るものである。損害賠償請求フローを下図に示す。

損害賠償請求フロー

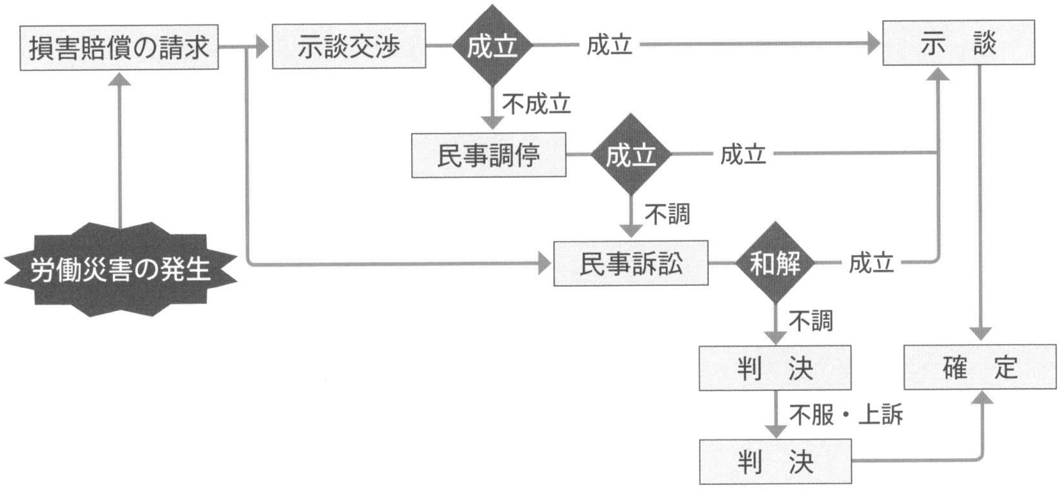

労働災害の発生
損害賠償の請求
示談交渉
成立
成立
示　談
不成立
民事調停
成立
成立
不調
民事訴訟
和解
成立
不調
判　決
確　定
不服・上訴
判　決

<参考資料>

■　職長が知っておく必要がある労働安全衛生法

職長が知っておく必要のある主な労働安全衛生関係条文は以下のとおりである。

項　目	法令および罰則
○　**危険又は健康障害を防止するための措置** 1．機械、器具その他設備、爆発性の物、発火性の物、引火性の物、電気、熱その他のエネルギーによる危険（20条） 2．掘削、採石、荷役、伐木等の業務における作業方法、労働者が墜落するおそれのある場所、土砂等が崩壊するおそれのある場所等に係る危険（21条） 3．原材料、ガス、蒸気、粉じん、酸素欠乏空気、病原体等、放射線、高温、低温、超音波、騒音、振動、異常気圧等、計器監視、精密工作等、排気、排液または残さい物による健康障害（22条） 4．労働者を就労させる建設物その他の作業場について、通路、床面、階段等の保全並びに換気、採光、照明、保温、防湿、休養、避難および清潔に必要な措置その他労働者の健康、風紀および生命の保持のため必要な措置（23条） 5．労働者の作業行動から生ずる労働災害を防止するため必要な措置（24条） 6．労働災害発生の急迫した危険があるときは、直ちに作業を中止し労働者を作業場から退避させる等必要な措置（25条） 7．建設業その他政令に定める業種の仕事で、政令で定めるものを行う事業者は、爆発、火災等が生じたことに伴い労働者の救護に関する措置がとられる場合に、労働災害の発生を防止するため次の措置を講じなければならない（25条の２）。 ・労働者の救護に関し必要な機械等の備付けおよび管理を行うこと。 ・労働者の救護に関し必要な事項について訓練を行うこと。 ・爆発、火災等に備えて、労働者の救護に関し必要な事項を行うこと。	法第20条～第25条の２ ［罰則規定］法第119条(1) (6カ月以下の懲役または50万円以下の罰金) ［両罰規定］法第122条
○　**作業主任者の選任** 事業者は当該作業区分に応じて作業主任者を選任し、その者に当該作業に従事する労働者の指揮その他厚生労働省令で定める事項を行わせなければならない。	法第14条 ［罰則規定］法第119条(1) ［両罰規定］法第122条

項　目	法令および罰則
○　**安全衛生責任者の選任** 統括安全衛生責任者を選任すべき事業者以外の請負人で、当該仕事を自ら行うものは、安全衛生責任者を選任し、その者に統括安全衛生責任者との連絡その他の厚生労働省令で定める事項を行わせなければならない。	法第 16 条第 1 項 [罰則規定] 法第 12 条（1）（50 万円以下の罰金） [両罰規定] 法第 122 条
○　**安全衛生教育** （雇入時、作業変更時教育） ・事業者は、労働者を雇い入れたときは、当該労働者に対し、厚生労働省令で定めるところにより、その従事する業務に関する安全又は衛生のための教育を行わなければならない。 ・前項の規定は、労働者の作業内容を変更したときについて準用する（作業変更時教育）。 ・危険又は有害な業務で、厚生労働省令で定めるものに労働者を就かせるときは、厚生労働省令で定めるところにより、当該業務に関する安全又は衛生のための特別の教育を行わなければならない（特別教育）。	法第 59 条 第 1 項 [罰則規定] 法第 120 条(1) 第 2 項 [罰則規定] 法第 120 条(1) 第 3 項 [罰則規定] 法第 119 条(1) [両罰規定] は第 1 項～第 3 項すべて、法第 122 条
○　**職長等教育** 事業者は、その事業場の業種が政令で定めるものに該当するときは、新たに職務につくこととなった職長その他の作業中の労働者を直接指導又は監督する者（作業主任者を除く。）に対し、次の事項について厚生労働省令で定めることにより、安全又は衛生のための教育を行わなければならない。 1．作業方法の決定及び労働者の配置に関すること 2．労働者に対する指導又は監督の方法に関すること。 3．前 2 号に掲げるもののほか、労働災害を防止するため必要な事項で、厚生労働省令で定めるもの。 ※参考　職長再教育に関する通達 平成 3 年 1 月 21 日（基発第 39 号） 安全衛生教育の推進についてが通達され、その中で職長等の項での再教育は「能力向上教育に準じた教育」とされ、おおむね 5 年ごとに受講することが規定されている。	法第 60 条
○　**機械等貸与者等の講ずべき措置** 機械等貸与者から機械等の貸与を受けた者は、当該機械等を操作する者がその使用する労働者でないときは、当該機械の操作による労働災害を防止するための必要な措置を講じなければならない。	法第 33 条第 2 項 [罰則規定] 法第 119 条(1) [両罰規定] 法第 122 条

項　　目	法令および罰則
○　**事業者の行うべき調査等**	法第 28 条の 2
・事業者は、厚生労働省令で定めるところにより、建設物、設備、原材料、ガス、蒸気、粉じん等による、又は作業行動その他業務に起因する危険性又は有害性等を調査し、その結果に基づいて、この法律又はこれに基づく命令の規定による措置を講ずるほか、労働者の危険又は健康障害を防止するため必要な措置を講ずるように努めなければならない。 　ただし、当該調査のうち、化学物質、化学物質を含有する製剤その他の物で労働者の危険又は健康障害を生ずるおそれのあるものに係るもの以外のものについては、製造業その他厚生労働省令で定める業種に属する事業者に限る。	第１項
・厚生労働大臣は、前条第１項及び第３項に定めるもののほか、前項の措置に関して、その適切かつ有効な実施を図るため必要な指針を公表するものとする。	第２項
・厚生労働大臣は、前項の指針に従い、事業者又はその団体に対し、必要な指導、援助等を行うことができる。	第３項
○事業者の行うべき調査等（通知対象物等について）	法第 57 条の 3
・事業者は、厚生労働省令で定めるところにより、第 57 条第１項の政令で定める物及び通知対象物による危険性又は有害性等を調査しなければならない。	第１項
・事業者は、前項の調査の結果に基づいて、この法律又はこれに基づく命令の規定による措置を講ずるほか、労働者の危険又は健康障害を防止するため必要な措置を講ずるように努めなければならない。	第２項
・厚生労働大臣は、第 28 条第１項及び第３項に定めるもののほか、前２項の措置に関して、その適切かつ有効な実施を図るため必要な指針を公表するものとする。	第３項
・厚生労働大臣は、前項の指針に従い、事業者又はその団体に対し、必要な指導、援助等を行うことができる。	第４項
○　**就業制限**	法第 61 条
・クレーンの運転その他の業務で免許、技能講習を修了した資格を有する者でなければ就業禁止	第１項 ［罰則規定］法第 119 条(1)
・当該業務に就くことができる者以外は当該業務の禁止	第２項　［罰則規定］同上
・当該業務に就く従事者するときは、これらに係わる免許証、その他資格を証する書面を携帯しなければならない。	第３項 ［両罰規定］は第１項、第２項とも法第 122 条

項　目	法令および罰則
○　**作業環境測定等** 有害な業務を行う屋内作業場その他の作業場で、政令で定めるものについて厚生労働省令で定めるところにより、必要な作業環境測定を行い、及びその結果を記録しておかなければならない。	法第65条1項 [罰則規定] 法第119条(1) [両罰規定] 法第122条
○　**作業の管理** 事業者は、労働者の健康に配慮して、労働者の従事する作業員を適切に管理するように努めなければならない。	法第65条の3
○　**労働者の危害防止措置の不遵守** 労働者は、事業者が第20条から第25条までおよび第25条の2第1項の規定に基づき講ずる措置に応じて、必要な事項を守らなければならない。	法第26条
○　**作業時間の制限** 事業者は、潜水業務その他の健康障害を生ずるおそれのある業務で厚生労働省令で定めるものに従事させる労働者については、厚生労働省令で定める時間についての基準に違反して、当該業務に従事させてはならない。	法第65条の4
○　**健康診断** ・事業者は、労働者に対し、厚生労働省令で定めるところにより、医師による健康診断を行わなければならない。 ・事業者は、有害な業務で、政令で定めるものに従事する労働者に対し厚生労働省令で定めるところにより、医師による特別の項目についての健康診断を行わなければならない。	法第66条 第1項 [罰則規定] 法第120条(1) 第2項 [罰則規定] 法第120条(1) [両罰規定] は第1項、第2項とも法第122条
○　**快適な職場環境の形成のための措置** 事業者は、事業場における安全衛生の水準の向上を図るため、次の措置を継続的かつ計画的に講ずることにより、快適な職場環境を形成するように努めなければならない。 1．作業環境を快適な状態に維持管理するための措置 2．労働者の従事する作業について、その方法を改善するための措置 3．作業に従事することによる労働者の疲労を回復するための施設又は設備の設置又は整備 4．前3号の他、快適な職場環境を形成するため必要な措置	法第71条の2

2-4 作業方法の決定と作業員の配置

（１）作業方法の決定

災害の発生した分析事例から、職長が作業着手前に作業方法、作業手順や安全対策を十分に検討していなかった、もしくは決めた作業手順を作業員に周知徹底していなかったことが全体の約 50％を占めているという調査結果がある。

職長は、作業着手前に元請の施工計画に基づき、元請職員と作業方法、作業手順および安全対策を打合せて、リスクアセスメントを取り入れた作業手順書（「第３章 3-2（2）リスクアセスメントを取り入れた作業手順書」99 ページ参照）を作成して作業に着手することが必要である。

また、建設現場での作業は、既に定められた作業手順書により実施することが基本であるが、現場は常に変化しており、現場の環境、天候、資機材、仮設状況等により、作業変更が発生することがある。

作業方法の決定までのフロー（例）

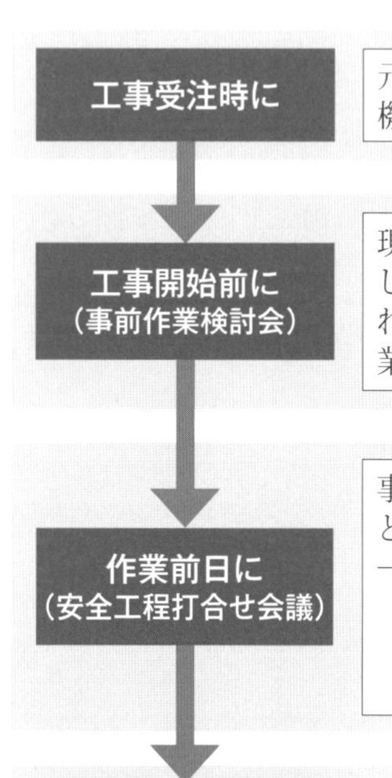

元請から、工事内容、工事範囲、規模、工程、数量、使用する設備、機械、作業方法、作業手順、必要人員等の打合せを行う。

現場事務所で施工図面を広げて、元請の施工計画、職長等が作成した作業要領・手順を示し、工事担当者、職長、作業主任者を入れて、作業範囲、作業方法、リスクアセスメントを取り入れた作業手順、必要人員等を検討、決定する。

事前作業検討会の決定事項をもとに、作業前日に、元請担当者等と再度作業打合せ、確認を行う。
→職長は、作業する場所を事前に確認し、他職との関わり（混在作業の有無）、立入禁止措置の必要の有無、どこに危険があるのか、あれば除去または低減方法を考え、作業開始前までに元請と協議し決定する。

前日に決定した作業内容と作業方法、作業手順、安全対策を作業開始前に作業員全員を集め、作業手順書、図面等を活用して周知する。

(2) 作業変更時の措置

建設現場では定めた作業方法、手順を実施することが基本であるが、天候不良、資機材不足、仮設状況不備、労務不足、他職の作業遅れ等で、作業方法・手順の変更が発生する場合がある。

作業変更時の措置が必要な場合としては、次のものがある。

① 作業方法の変更（工法・作業手順・使用機械類等、直接工事に関する変更）

② 作業範囲・時間の変更

③ 打合せにない作業（予定外作業）

以上の変更事項がある場合は、作業を継続するのではなく、一旦作業を中止し、速やかに元請職員に報告、再度、連絡調整の上、作業変更時のルールに従って、作業方法、作業手順を決め、作業員に周知させなければならない。

(3) 作業員の適切な配置

作業員の配置は建設物を築造する作業過程において、安全に、早く、安く、出来映えよく、正しく造り上げるため、作業員固有の特性をよく把握して、その作業に誰を就かせることが最適であるかを検討し、適正に配置することが重要な職務である。

このため、職長は作業員の適正配置のため、以下の事項に留意する。

①　現場特性の把握

・施工量：工程、出来高、就労作業員数

・作業形態：関連作業

・作業計画：作業方法、作業手順

・作業条件：資格、経験、知識、熟練度

・作業環境：職場環境、立地条件

②　作業員の個人特性の把握

・法定教育の受講状況

　職長・安全衛生責任者講習、技能講習等

・技能、技術、経験、知識

・健康、体力、年齢、性格

一人ひとりの特性に合わせて

③　作業現場における配置

a．前日の手配

職長は、前日の作業打合せ時に、翌日の作業内容を確認し、作業員の配置予定を決める。新たな作業や特に高度な技能が必要な作業の場合は、適切な作業員の配置を会社に依頼する。

b．若年作業員、高年齢作業員に対する配慮

若手作業員は経験不足気味であり、一方、高年齢作業員は個人差があるものの、一般的に体力・持続力・気力の低下、判断力の低下等が現れてくる。いずれも作業上問題が起こりやすく、職長は日頃の作業を通して把握しなければならない。

C．新規参入者に対する配慮

新規参入者は、建設業に初めて就業するため、作業内容に適合する作業員であるかどうかは就労して初めて判断でき、作業内容に適した作業員とはいい難い者も多い。

そのため、新規参入者の配置には十分留意し、常に不安全行動がないか、立入禁止箇所や危険な場所に近づいていないかなどをよく監視するとともに、新規参入者には、職長等責任者の指示を仰ぎ、自らの判断のみで行動しないよう教育することが必要である。場合によっては、配置転換をすることも考慮する。

職長は人の欲求、人の行動、やる気（モラール）、満足感といった点について知識と理解を持ち、一人ひとりについての個人差を考えて、運営を行うことで、生産性の高いやる気の旺盛な職場をつくることができるということを肝に銘じることが大切である。

2-5 安全施工サイクル

現場での労働災害を防止するために、工事施工と安全衛生管理を元請と下請がそれぞれの役割を定め、毎日、毎週、毎月、随時の安全衛生管理の基本的な実施事項を定型化し、かつ、その内容の改善、充実を図りつつ、継続的な安全衛生管理活動を展開し、災害防止に役立てようとするものが「安全施工サイクル」である。

安全施工サイクルの目的は、現場の作業工程の中で、作業と安全の一体的な推進を図ることにより、安全に、良い物を、早く、安く、無事故・無災害で完成させることにある。その重要な職務を担っているのが職長である。

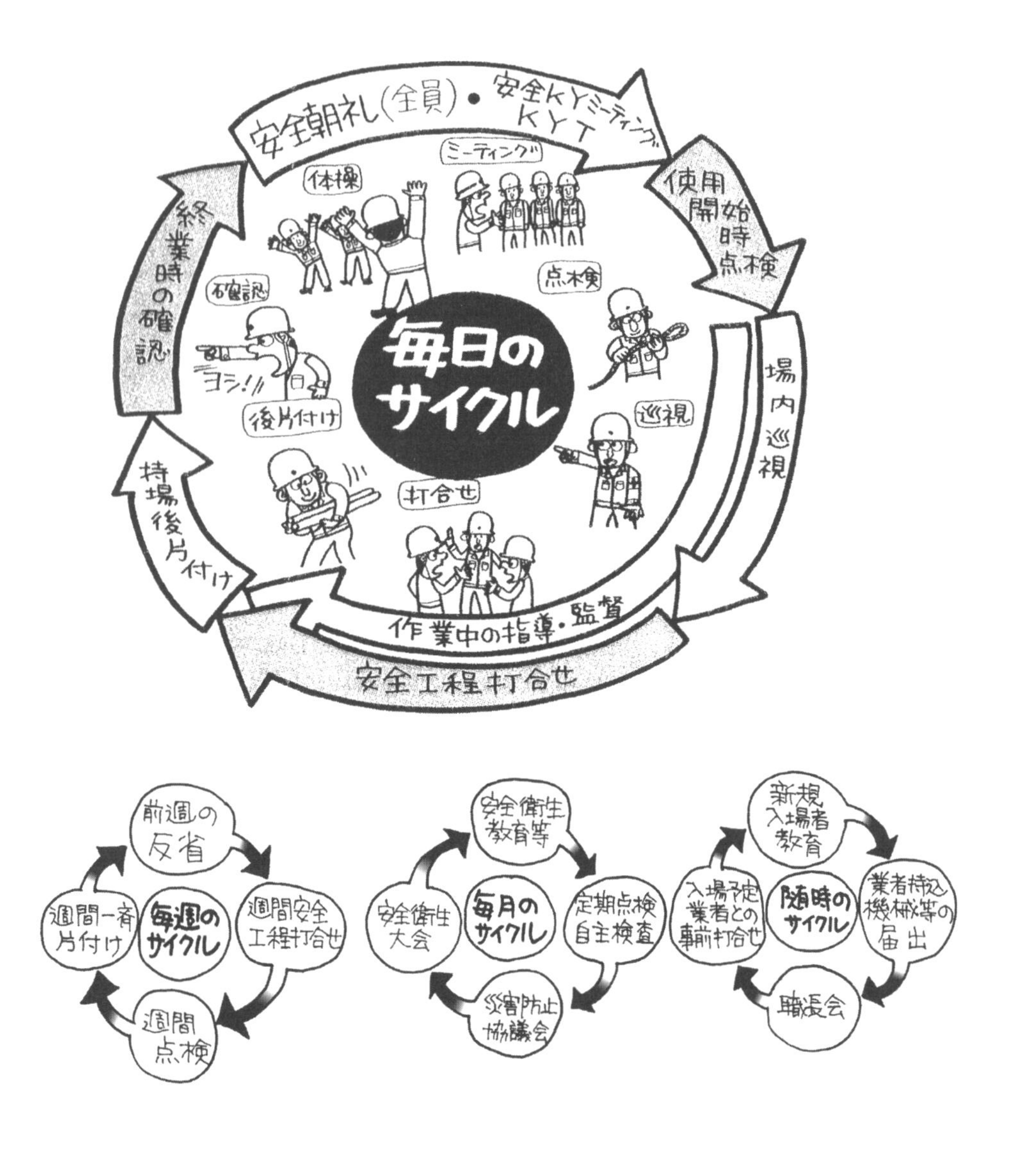

1　毎日の安全施工サイクル

（1）安全朝礼（全員参加）

統括安全衛生責任者の指示することをよく聞くように指導を行い、安全衛生責任者（下請業者の現場責任者または職長）は持場で安全ミーティングの際に再度指示をする。

・体操はしっかり行わせ、腰痛予防にも有効であることを指導する。

・作業前の体操は、体を早く作業に適応させるために行う。

・体操がマンネリ化しないようラジオ体操の他に、片足立ちによるバランス点検、背伸び、手指のマッサージなど工夫して実施する。

（2）安全ミーティング・ＫＹＫ（作業グループ単位）

安全ミーティングは、職長等が中心となって、同一職種または関連作業の作業員を集め、当日の作業内容、作業方法、作業手順、作業配置、危険作業・場所の周知、安全衛生に関する指示、前日の点検結果と対策などの連絡調整、指示伝達を行う。

ＫＹＫ（危険予知活動）は、その日の作業で

どんな危険が潜んでいるか、どうしたらよいかを皆で確認し、その危険要因を取り除く対策を立てる。ＫＹＫは皆で話し合う場であり、全員が発言するよう心がける。

職長の役割

①　安全ミーティングのリーダー（指導者・司会役）。

②　前日の元請との安全工程打合せ結果による作業指示書に基づき、前日中に監督の業務を果たせるよう計画を作成しておく（段取り、手配、指示、点検、確認、記録報告等）。

③　当日の作業予定を５Ｗ１Ｈによる作業指示により、簡潔・明瞭に説明する。

④　作業員から発言のあった危険性または有害性を取りまとめ、意見を集約して、「安全上の急所」「同種災害事例」などを教える。

５Ｗ１Ｈによる作業指示

項　目	作業指示内容
なぜ（Why）	作業の目的（後工程との関連を簡潔に）、理由
何を（What）	作業の内容（使用資機材と数量を含めて）
いつ（When）	作業の時間（例えば、何時までに、午前中、本日中に）
どこで（Where）	作業の場所（具体的な場所、範囲等）
だれが（Who）	作業員の配置（必要な資格等を確認して指名）、役割
どのように（How）	具体的な作業方法、手順とその急所、連絡・合図の方法、片付けの要領

(3) 作業開始前点検

毎日作業している場所の物（機械・設備）や新規に現場に持ち込んだ機械・器具等は使用する前に必ず点検する。

そのために、点検のやり方を教育することが必要である。

作業環境（作業床・足場の状況、作業空間・障害物・突起物・回転物、有害物・粉じん飛散・有機溶剤発生・アーク溶接ガス飛散・その他有害物発生箇所、工事場所の隣接する家屋などの状況）についても点検・確認する。

職長の役割

① 作業の段取り、設備状況の確認

② 作業方法、手順、安全対策の指示

③ 服装、保護具の点検、使用方法の指示

④ 材料、機械工具類の使用方法の指導

⑤ 作業員の健康確認、適正配置

⑥ 他作業との関連確認

⑦ 工程打合せでの元請からの指示事項伝達

（4）作業中の指導・監督

不安全状態（施設・設備等）や不安全行動について、人命に関わることなので黙認するようなことがあってはならない。

特に、朝礼・安全ミーティングにおいて指示した事項については、実行されているかよくチェックすることが重要である。

職長は、統括安全衛生責任者や元請会社の安全当番者が行う巡視には、できる限り立ち会うように努める。

指示・指導事項は、安全衛生日誌等に記載し、是正されたかどうか必ず確認し、文書に残す。

職長の役割

① 保護具、機械、工具類の正しい使用方法の指導

② 指示した安全対策の確認

③ 危険予知活動で決めた対策の実施

④ 不安全行動、不安全状態の是正

⑤ その他、事前に指示した事項の実施状況のチェック

(5) 安全工程打合せ

事前に翌日の作業予定を立て、問題点を作業員に確認してから参加し、問題点などを積極的に発言する。

作業の予定に変更が出た場合は再度調整する。

元請職員の説明をよく聞き、わからない点を質問し、納得することが必要である。

(6) 持ち場の後片付け

後片付けは、良好な作業環境の維持、および翌日の作業が安全に、かつスムーズに行えるよう整理、整頓、清掃を実施する。

・整理：不要なものを撤去すること。別の場所への移動や廃棄など。

・整頓：使いやすいように並べること。

作業終了後、現場責任者や職長は、不要材の集積場所、集積方法について作業員に周知する。

また、使用する資機材についても、集積、使用器具等の収納、通路の確保、作業箇所の清掃などについて指示する。特に、廃棄物については、所定の方法により処分を行う。

職長の役割

① 当日作業の反省およびそれに基づく改善、是正の指示、指導
② 機械、工具類の点検、整備状態の確認
③ 翌日作業の手配の確認
④ 持ち場の後片付けの確認

（7）作業終了時の確認

作業終了時の火災、盗難、第三者災害の防止。

職長の役割

① 作業終了状況の確認と元請への報告
② 残業職種の作業内容と終了予定時刻の把握
③ 各職場の片付け状況の確認
④ 火の始末、電気の遮断、水道の止栓、ゲートの開閉の確認
⑤ 道路規制標識類、夜間照明、防護フェンス、第三者通路の確保

＜参考資料＞

■　安全施工サイクル実施の要点

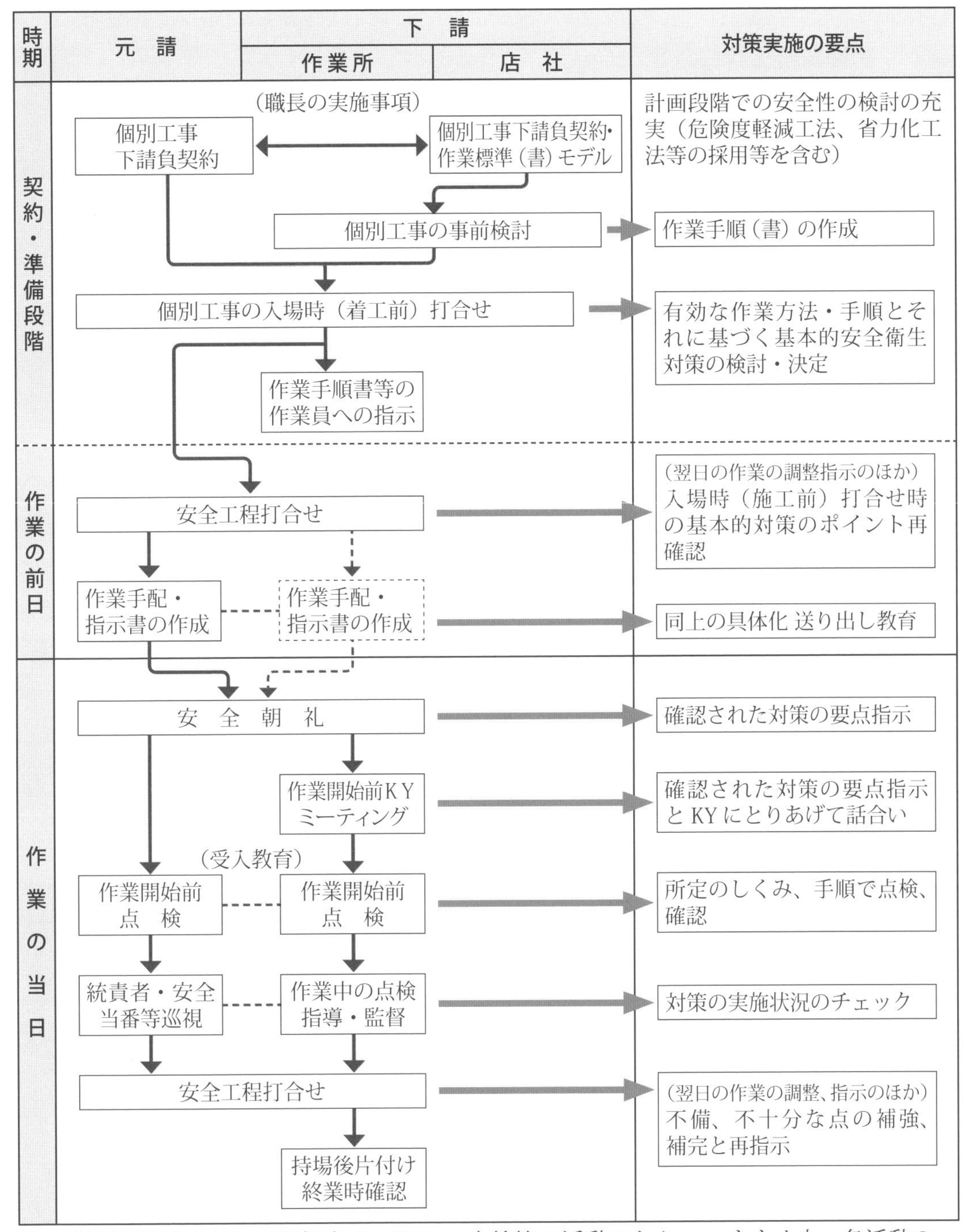

① 職長は事前検討、工程打合せ、KYM、点検等の活動のねらい、すすめ方、各活動のつながりを十分に理解して、実行する。
② 下請の分担する役割を確実に実行する。

〈出典〉改訂建設業上級職長研修シート（建設安全センター）

2　週間の安全施工サイクル

①　週間安全工程打合せ

進捗状況による各職種間の作業調整と週間の反省と対策の確認

②　週間点検

作業環境、作業設備、建設機械および各種電気工具類を点検して不安全状態の排除

③　週間一斉片付け（作業員全員）

作業環境の維持・整備と所内の規律維持

3　月の安全施工サイクル（随時を含む）

①　月例安全衛生協議会　月１回

（安衛法第30条：定期的にすべての関係請負人が参加）

②　安全衛生大会

安全意識の高揚と所内の規律維持

③　安全衛生教育

新規入場者教育（随時）、特別教育（随時）、法定以外で定める安全衛生教育計画に基づく教育（安全確保に必要な教育）、作業手順教育（随時）、公共工事における月4時間教育　など

④　定期点検・自主検査

2-6 異常時・災害発生時における措置

職長として、いち早く異常に気付く、災害発生時に迅速かつ適切に対応できることが重要である。そのためには日々の作業を通して、作業員の行動や手順、あるいは機械、設備、環境の状態に目を配り、それを見極める能力が求められる。

(1) 異常時における措置

① 異常時とは

異常時とは、土止め支保工が変形していたり、可燃性ガス濃度が異常に上昇したり、手すりが取り外してあったり、保護具を着用せずに危険位置で作業したり…等のように、現場や作業に潜在する危険性または有害性をそのままにしておくと、災害や事故の発生につながると思われる状態をいう。

- 異常時の状態を発見したときは、すぐに補修、補強させて平常時の状態に戻すことが必要である。
- 災害の急迫した危険があるとき（非常時）は、直ちに作業を中止し、労働者を作業場から退避させることが重要である。

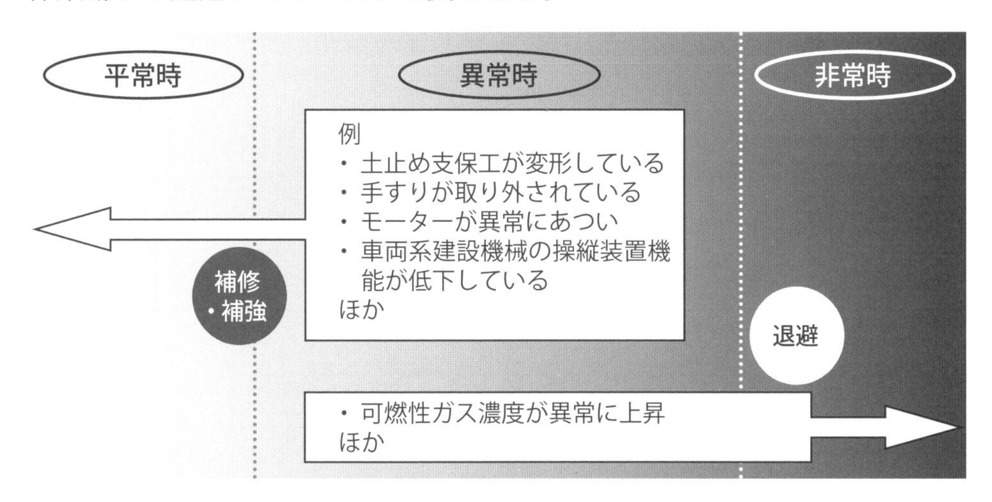

② 異常発生時における措置

職長は、現場で異常事態が発生した場合、直ちにその状態を確認し、冷静な判断のもと、速やかに対応処置をとり、災害・事故の発生を未然に防止しなければならない。

- 異常時の早期発見は、人間の五感のうち、「見る、聞く、嗅ぐ、触れる」で感じ、その異常の判断力の差は、経験、体験や知識、能力によるところが大きい。そのため、教育訓練によってその判断力を日頃から養っておく必要がある。
- 異常時の早期発見の方法、異常時における措置基準を作成し、それに基づいて作業員に教育訓練しておくこと。
- 職長は異常時の対応処置を定めるときに、元請の担当者と相談し、異常時の状態を想定して、異常時の措置の順序を定め、作業員にも周知しておく。その措置の方法には、通報の方法や退避の方法などを具体的に定めておくこと。

異常発生時における措置フロー

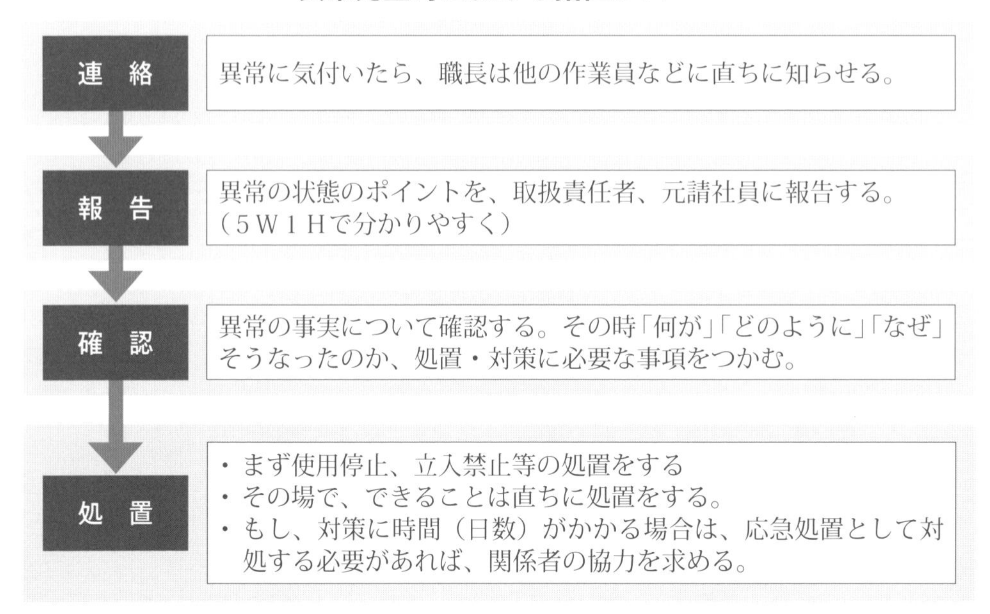

作業開始前の点検により異常を認めたとき、直ちに補修・補強する場合

どんな作業で	どのようなとき	何かを点検し、異常を認めたとき	措置をする
○足場における作業 （安衛則第 567 条）	○足場を組み立てた後 ○足場の一部解体もしくは変更した後 ○強風・大雨・大雪等の悪天候、中震以上の地震の後※	○床材の損傷、取付けおよび掛け渡しの状態 ○建地・布など接続部・緊結部のゆるみの状態 ○足場用墜落防止設備・幅木等の取りはずしおよび脱落の有無 ○筋かい、控、壁つなぎ等の補強材の取付状態 （○脚部の沈下および滑動の状態） など	直ちに補修・補強する
○吊足場における作業 （安衛則第 568 条）	○その日の作業を開始する前		
○ずい道支保工を設けたとき （安衛則第 396 条）	○ずい道支保工を設けた後毎日 ○中震以上の地震の後※	○部材の損傷、変形、腐食、変位および脱落の有無 ○部材の緊圧の度合 ○部材の接続部および交差部の状態 ○脚部の沈下の有無および状態	
○土止め支保工を設けたとき （安衛則第 373 条）	○土止め支保工を設けた 7 日後を超えない期間ごと ○中震以上の地震の後※ ○大雨等により地山が急激に軟弱化するおそれのある事態が生じた後	○部材の損傷、変形、腐食、変位および脱落の有無および状態 ○切りばりの緊圧の度合 ○部材の接続部、取付部および交差部の状態	
○コンクリートの打設の作業 （安衛則第 244 条）	○その日の作業を開始する前	○当該作業に係る型枠支保工について	
○繊維ロープを貨車の荷掛けに使用するとき （安衛則第 419 条）	○その日の使用を開始する前	○当該繊維ロープ	
○軌道装置を用いて作業を行うとき （安衛則第 232 条）	○随時	○軌道および路面の状態	
○くい打・くい抜機を組み立てたとき （安衛則第 192 条）	○組み立てたとき	○機体の緊結部のゆるみおよび損傷の有無 ○巻上げ用ワイヤロープ、みぞ車および滑車装置の取付状態 ○巻上げ装置のブレーキおよび歯止め装置の機能など	
○作業構台における作業 （安衛則第 575 条の 8）	○作業構台を組み立てた後 ○一部解体もしくは変更の後 ○強風・大雨・大雪等の悪天候、中震以上の地震の後※	○支柱の滑動および沈下の状態 ○支柱、はり等の損傷の有無 ○床材の損傷、取付けおよび掛け渡しの状態 ○手すり等の取り外しおよび脱落の有無 ○緊結材の損傷および腐食など	

※印は次ページ参照

※参考
・強風：10 分間の平均風速が毎秒 10 m以上の風
・暴風：瞬間風速が毎秒 30 mを超える風
・大雨：1 回の降雨量が 50mm 以上の雨
・大雪：1 回の降雪量が 25cm 以上の雪
・中震以上の地震：震度 4 以上の地震

③　異常時の避難措置について

異常時の中でも、『労働災害発生の急迫した危険があるとき（非常時）は、直ちに作業を中止し、労働者を作業場から退避させる等必要な措置を講ずること（安衛法第 25 条）』が定められている。

職長として、適切で迅速に行動することが大切であり、日頃からどうするのかを決めておかなければならない。

労働災害発生の急迫した危険があり、直ちに作業を中止して、労働者を作業場から退避させる等、必要な措置を講ずる場合

<table>
<tr><th>どんな作業で</th><th colspan="2">どんなとき</th><th>どのような措置をする</th></tr>
<tr><td>○ずい道等の建設の作業
（安衛則第 389 条の７）</td><td colspan="2">○落盤・出水・ガス爆発による労働災害発生の急迫した危険があるとき</td><td>①直ちに作業を中止し
②労働者を安全な場所に退避させる
（イ）警報設備を備える
（ロ）避難用具を備える
（ハ）避難および消火の訓練を行う</td></tr>
<tr><td rowspan="3">○ずい道等の建設の作業
（安衛則第 382 条の２、３）
（安衛則第 389 条の８）
○地下作業場等の作業
（安衛則第 322 条）</td><td colspan="2">①可燃性ガスを使用するとき</td><td>（イ）測定者を指名し
（ロ）測定をする</td></tr>
<tr><td colspan="2">②可燃性ガス濃度の異常な上昇を把握するとき</td><td>○自動警報装置を設ける</td></tr>
<tr><td colspan="2">③可燃性ガス濃度が爆発下限界の値の 30％以上であることを認めたとき</td><td>（イ）直ちに労働者を安全な場所に退避させ
（ロ）火気、その他点火源となるおそれのあるものの使用を停止し
（ハ）通風・換気等の必要な措置を講ずる</td></tr>
<tr><td rowspan="2">○酸素欠乏危険場所で行う作業
（酸欠則第 13 条）</td><td colspan="2">○常時作業の状況を監視し異常があったとき</td><td>○監視人は酸欠作業主任者およびその他関係者に通報する</td></tr>
<tr><td colspan="2">○酸素欠乏等のおそれが生じたとき</td><td>（イ）直ちに作業を中止し
（ロ）労働者をその場所から退避させなければならない</td></tr>
<tr><td>○高気圧作業
（高圧則第 23 条）</td><td colspan="2">○送気設備の故障、出水、その他の事故で作業者に危険または健康障害のおそれのあるとき</td><td>（イ）外部へ退避させる
（ロ）送気設備、潜函等の異常の有無について点検し
（ハ）危険、健康障害のおそれのないことを確認した後でなければ指名した者以外の者は入れない</td></tr>
<tr><td>○コンクリート打設作業中
（安衛則第 244 条）</td><td colspan="2">○型わく支保工に異常のあるとき</td><td>（イ）作業を中止し
（ロ）補修する</td></tr>
<tr><td rowspan="3">○ずい道等の内部で可燃性ガスおよび酸素を用いて金属の溶接・溶断または加熱の作業を行うとき
（安衛則第 389 条の３、４）</td><td>誰に</td><td>何を</td><td rowspan="2">○異常を認めたとき直ちに必要な措置を行う</td></tr>
<tr><td>○指揮者に</td><td>○作業の状況を監視し</td></tr>
<tr><td>○防火担当者に</td><td>○火気またはアークの使用状況を監視し</td><td>○異常を認めたとき直ちに必要な措置を行う</td></tr>
</table>

④　避難するときは行動を迅速に（異常時には、避難をいかに迅速に行えるかがカギ！）

異常時の措置は正確な通報と確実な避難をいかに早く行えるかがポイントとなる。異常時における避難は、職長が指揮をとって行わなければならない。

次に避難について、どのようなことが大切なのか、火災のときよくいわれることを整理してみよう。

火災が発生すると､｢逃げ口を１箇所しか知らなかった｣とか｢最初に逃げて行った人と一緒に行動してしまった」などとよく聞くが、異常時における避難時の状態をまとめると次のことが考えられる。

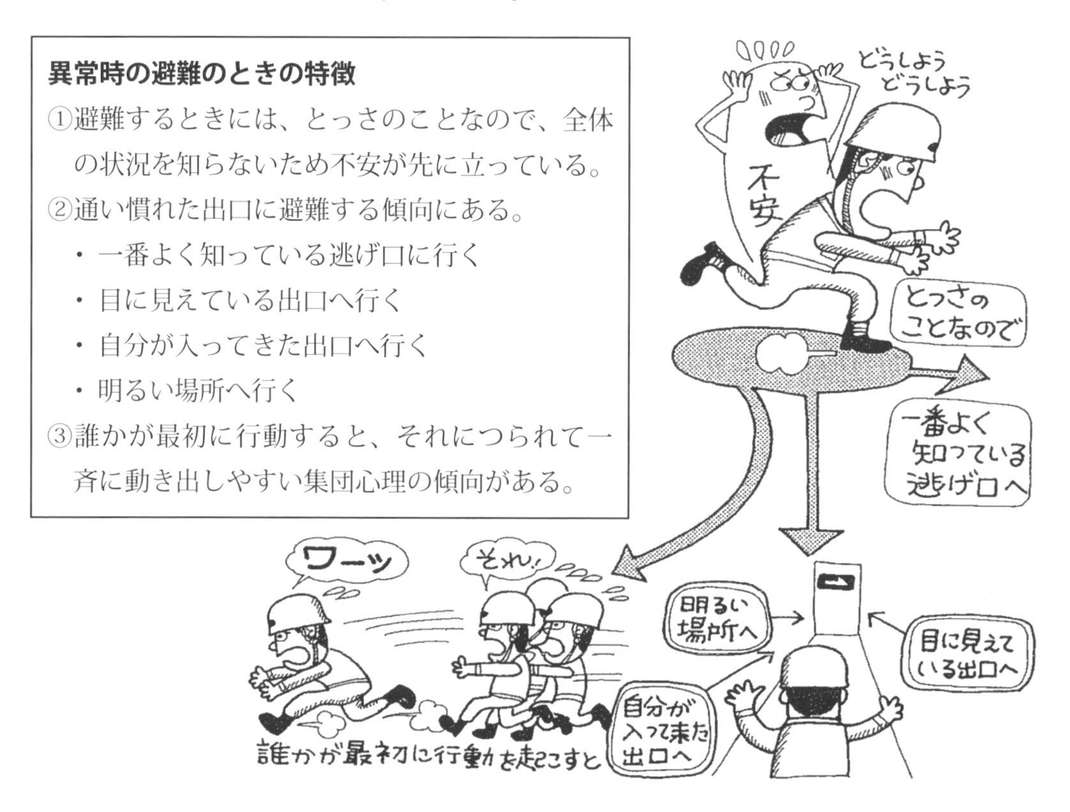

異常時の避難のときの特徴

①避難するときには、とっさのことなので、全体の状況を知らないため不安が先に立っている。

②通い慣れた出口に避難する傾向にある。

- 一番よく知っている逃げ口に行く
- 目に見えている出口へ行く
- 自分が入ってきた出口へ行く
- 明るい場所へ行く

③誰かが最初に行動すると、それにつられて一斉に動き出しやすい集団心理の傾向がある。

このように、異常時における行動は、いかに不安定なものであるかがわかる。職長は、まず自分自身が慌てたり、動揺したりせずに事前に定めた方法とそのときの状態をよく判断し、迅速な誘導をすることが大切である。また、災害が発生し救出に向かうときなどは、元請担当者とよく打合せを行い、適切な指揮のもとに作業を行う必要がある。

(2) 災害発生時の措置

作業現場において災害が発生したときの緊急処置、労働基準監督署報告および労災手続き等の一連のフローを下記に示す。

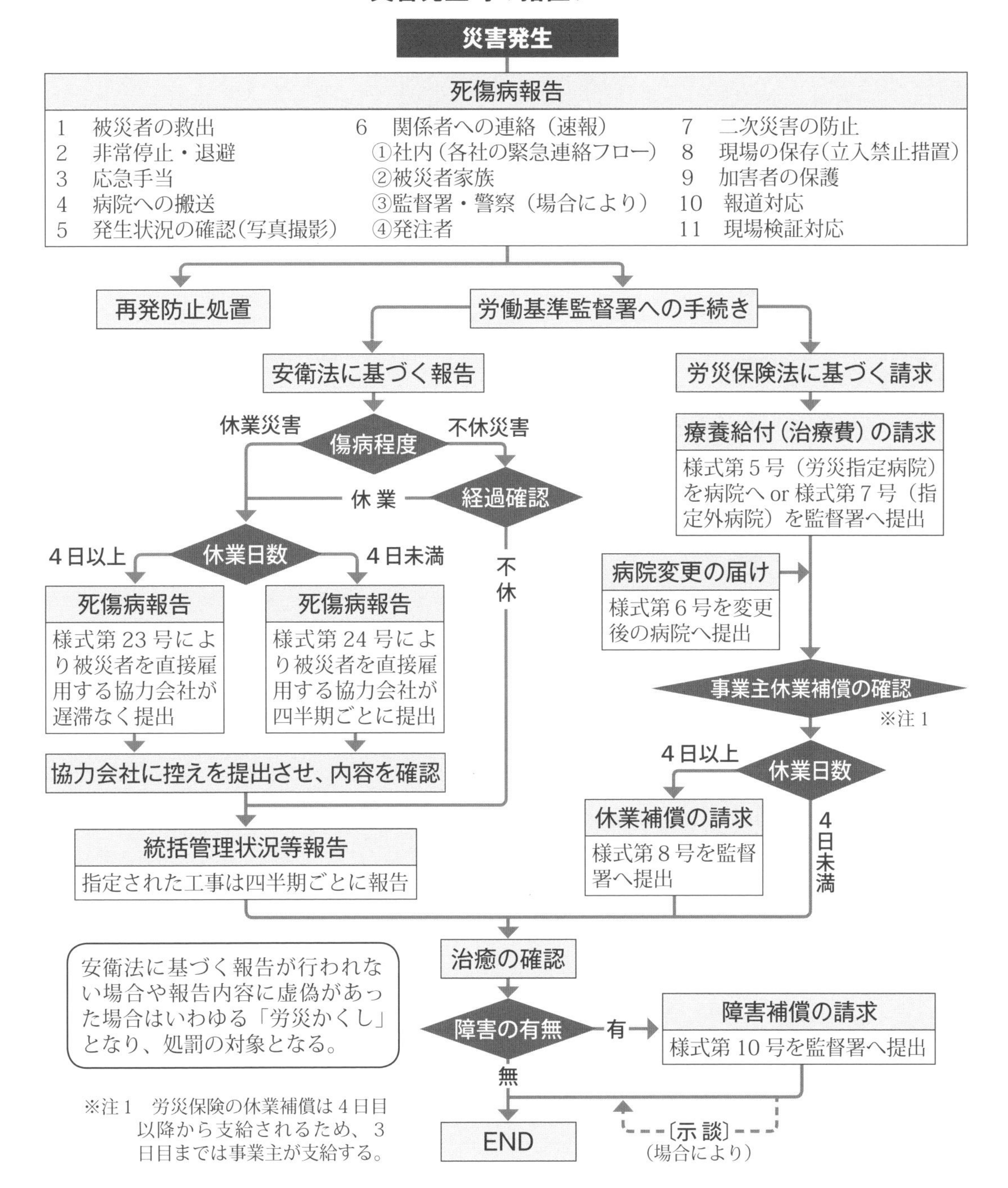

災害発生時の緊急処置フロー

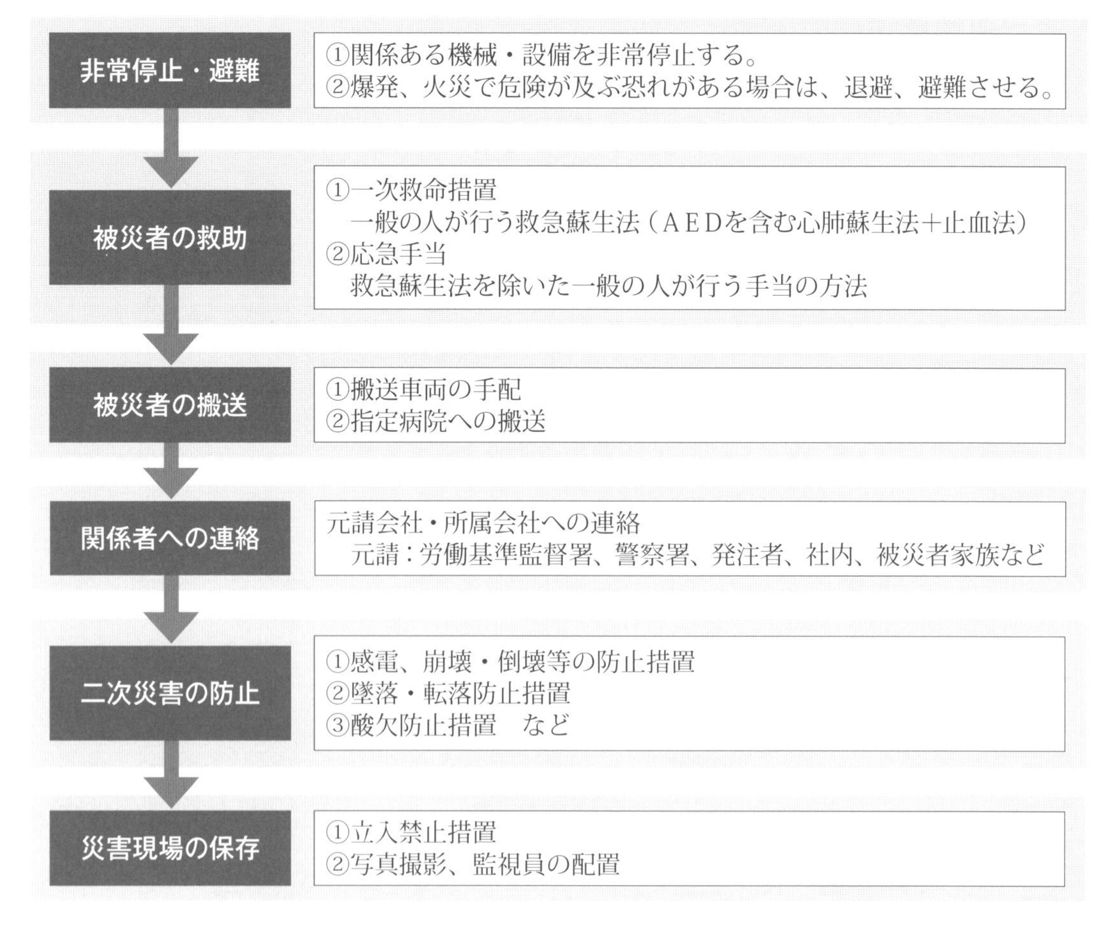

①　万が一災害が発生したら

ａ．異常事態と災害の違い

災害が異常事態と似ている反面､異なるのは被災者が発生している点である。したがって、その対処も異常事態に対するものに加え、被災者への対応を優先し、そして事後の処理、といった一連の措置を限られた時間の中で進めなければならない。

ｂ．災害経験がなくとも、有事の措置ができるのが「優れた職長」

現場で何度か災害が発生したところを見た経験がある職長はいると思うが、配下の作業員が被災した経験のある職長は意外に少ないものである。

配下の作業員が何回も被災した経験があれば災害の対処に精通するだろうが、これでは職長としての資質に疑問の声があがるのは避けられないであろう。

本当に優れた職長とは、直接経験がなくても周囲で起きた災害や先人が残した教訓を、自分の経験と同様に自分の中に知識として蓄積し、適切な措置ができる人を指す。

c．災害が発生したときの措置事項

重大な災害が発生した場合には、まず、被災者の救出と手当てが最優先である。災害に直結した機械や設備などを直ちに停止し、二次災害の発生を防止する。

救急車の要請、誘導員の配置、発生状況などを確認し、元請、上司など直接の工事関係者にできるだけ早く第一報を入れるようにする。

場合によっては電気、水道、ガス会社にも連絡が必要である。

次に、二次災害、近隣などの影響を考え、現場を立入禁止とする。所属会社に責任者の派遣を要請し、被災者の家族には所属会社から連絡をしてもらうよ

うにする。

このように、災害が発生すると、措置すべき事項がいかにたくさんあるかが理解できたであろうか。とても１人では措置できるものではなく、元請の社員がその場におらず、適切な指示が得られない場合は、職長自ら他の職長の応援を求め措置しなければならない。

②　災害発生時の心得と応急措置

a．災害発生時の心得

ｉ）あわてず、落ち着いて、正しい措置をする。

ⅱ）何が起こっているのか、状況を正しく把握する。

ⅲ）まず、何をするのか、行うべきことを整理する。

ⅳ）被災者を安全な場所に移動させ、必要な応急処置を行う。

ｖ）状況を判断し、周囲の人に協力を求める。

b．救急車を呼ぶ際のポイント

ｉ）救急車を呼ぶときは、住所や目標を正確に伝える。

ⅱ）事故の状況や被災者の様子をありのままに伝える。

連絡に当たっては、落ち着いて必要事項を要領よく伝えることが肝心である。

c．応急措置のポイント

現場で行う応急処置は、被災者のケガの程度をそれ以上悪化させないためのもので、医師の診療までの一時的な措置である。

しかし、被災者の意識がないなどの重大な症状の場合は、一刻も早く適切な処置を行う必要がある。

ｉ）担架、救急・救護用品を用意する（日頃から備え付けの場所を確認しておく）。

ⅱ）できるだけ２人で連絡をとり合って対応する。

ⅲ）救急車が到着するまでに行う救急措置を確認し、実行する。

ⅳ）被災者の横で経過を観察し、救急隊や医師に詳しく症状を説明する。

欧米には救命の輪（Chain of Survival）という言葉がある。これを図示したものが下のイラストである。この中の３は主に救急車の中での「救急救命士」の、４は病院での医者の仕事だが、１と２は、事故や災害を真っ先に目撃した人、つまり現場では皆さんの役割となる。そして、この４つの輪が１つでも欠けると助かる命も助からなくなることを示している。

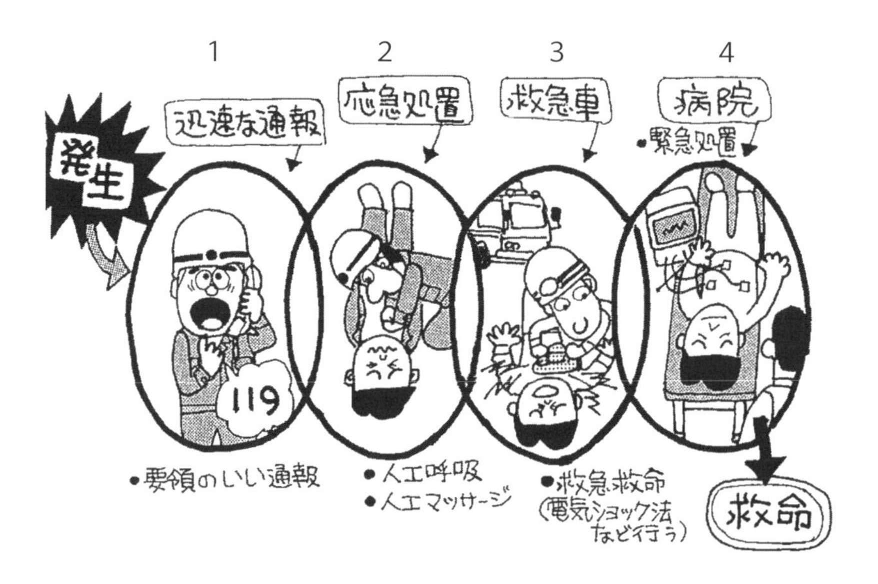

人命救助は最初の５分間が大切である。呼吸がない場合を想定すると、人間の脳が酸素なしで生きられるのは、わずか３～４分といわれている。

呼吸停止時間と蘇生率の関係

（ドリンカー曲線）

呼吸停止後	蘇生率（生命を救える確率）
2分	90%
3分	75%
4分	50%
5分	25%
10分	ほぼ0％

d．発生場所の保存

災害が発生した場所の状況は、災害発生原因を調査するときの重要な証拠物件である。立入禁止措置を取り、現状保存を継続し、調査に備えるようにしなければならない。

ｅ．その他の対応について

災害・事故が発生すれば、警察、労働基準監督署などがその原因を調査することになるので、その調査に備えることが必要となる。

・災害・事故が発生した場所にいた目撃者、関係者を確認する。
・作業安全指示書、作業手順書、点検簿等の記録、安全衛生教育記録、有資格者名簿、災害現場見取り図などを準備する。

被災者対応としては、

・被災者を病院に搬送後、病院担当者または付添者を配置し、身の回りの生活用品の手配を行うとともに、逐次、経過の連絡がとれるようにする。
・被災者家族が遠隔地の場合は、車、鉄道、飛行機、さらに旅館や待機場所などの手配を行う。

③　災害の調査と労基署への届け出

ａ．災害調査の目的

警察、労働基準監督署、元請の調査とは別に、当事者として職長自ら作業員と共に災害の調査を行い、同じ災害や類似の災害を二度と繰り返さないために原因や問題点を分析し、再発防止の対策を立てる必要がある。

ｂ．調査の方法

職長は自分の部下が被災した災害については、すでに警察、監督署、元請の調査が行われ、ある程度の結論が出されていても、必ず部下全員とその原因を話し合い、対策を立てて実行する必要がある。

どんなに簡単で、ありきたりの表現であろうが、自分達の言葉で原因と対策を考えることが肝心である。

災害原因の留意点

・調査は常に客観的、公平な立場で
・憶測でものを言わない
・調査は災害発生から現状が変更されないうちに、速やかに実施
・施設の不安全な状態、作業者の不安全行動、管理者の指揮命令がどうであったかを調査
・目撃者や被災者、現場の責任者に発生状況を聞き取る
・現場の日常ルールや慣習についても参考とする
・災害現場の状況は、できるだけ写真や図面を作り、記録しておく

災害原因の検討は、次頁に示す「４ラウンド法」が最も適している基本型といえる。

災害原因の検討と対策の樹立（４ラウンド法）

段　階	ステップ	手順（なにを）	要領（どのように）
①どんな事実があったか	事実の確認 ↓ 問題点の発見	・まず、災害の発生状況を把握する ・災害に関係する「事実」をひろい出す ・「事実」の中から災害の原因と考えられるものを「問題点」として取り上げる	・どのような経過で発生したかを十分つかむ ・個別に（１つずつ） ・できるだけ詳しく ・災害発生に直接関係ありそうなものをひろい出す ・「人」「者」「管理」いずれの問題か分けて考えてみる
②何がポイントか	原因の分析 ↓ 重要問題点の決定	・「問題点」について、それは「なぜ、そうなったか」を考える ・「問題点」と「原因」のうち、この災害にもっとも関係が深いと思われるものに絞り込む	・「なぜ」を２～３回繰り返す ・「何が足らなかったか」を反省する ・上記のなかから２～３点に絞る 「～なので」「～となった」 （原因）（結果）
③あなたならどうする	再発防止対策検討	・災害原因を解決し、今後同種または類似災害の再発を防止するための対策を立てる	上記の「重要問題点」を対象に ・自分たちの立場で考える ・すぐ手が打てるような具体的な対策を ・実行可能かを考えて
④私たちはこうする	実施計画の樹立 ↓ 対策の実施を確認	・対策のなかで最優先に実施すべき事項について実施計画を立てる ・対策が実施計画どおり現場で実施されているかをチェックし、確認する	・５Ｗ１Ｈで、具体的に ・特に「だれが（だれに）」と「どのように」を十分検討して ・計画どおり実行されていないときは「なぜできないか」原因を調べ、手を打つ ・必要に応じて元請や事業主に意見や要請を行う

ｃ．逆境をバネに、みんなの結束を高めよう

調査と原因の追求は、特定の人間に非があったとしても、それをあばき出して責め立てる場所ではない。災害発生の真実について皆が同じ認識を持ち、これを教訓に翌日からの作業をより安全に行うためのものである。

皆が心を開いて話合うことで、職長が気づかなかった不具合や問題点があき

らかになる。

災害は不幸な出来事であるが、これをバネにみんなの心を１つにまとめあげるもの、災害が発生した後の職長の対応次第、ということを心に留めておこう。

d．必ず所定の届け出を

労働安全衛生法では、労働災害が発生した場合は、遅れることなく労働基準監督署に災害が発生したことを書面で報告することが、事業者に義務付けられている。この届け出を行わないと「労災かくし」となる。

この報告は、労働者が業務上で負傷または症病にかかった場合、療養費や休業補償費を支給する労災保険の手続きに欠かせないものである。

建設業の場合、労災保険は原則として、元請がすべての協力会社を含めて加入している。職長は、災害により部下の作業員が負傷した場合は、元請に報告のうえ、事業主より労災保険の手続きを行うようにしなければならない。

e．まとめ

人間は嫌なことからは本能的に目をそらす習性がある。異常事態や災害発生を想定して、その処置を考えるのは心が重くなるだろうが、私達の現場ではいつ災害が発生するかわからず、災害が発生する要因は、今なお現場のさまざまな場所に隠れているものである。

酸いも甘いも理解することが職長の務めであり、それが自身の能力を向上させるとともに、配下の作業員にも大きな信頼感を持たせ、安心して働けるようにするものである。

2-7 「労災かくし」の排除のために

（1）労災かくしは犯罪である

“労災かくしは犯罪である”…こんな言葉を大書きしたリーフレットを労働基準監督署で、現場で、そして教育の場で見ていませんか？

発生した労働災害を報告しなかったり、ウソの報告をすると、「労災かくし」となる。

労災かくしが発覚すると、労働安全衛生法違反による罰則に加え、その責任は自社だけではなく、元請や発注者へも及ぶ可能性がある。同時に、企業として社会的な信用を大きく失墜することとなり、企業の存続すら危ぶまれる事態になる。

業務上の労働災害は、不休または４日未満か４日以上に大別でき、労働安全衛生法により、４日以上の災害については遅滞なく、所轄労働基準監督署長に、事業者

（事業を行う者で労働者を使用するもの）が報告することになっている。

労災かくしは、ともすれば労災保険で処理すれば労災かくしにならないと理解している人がいるが、これは間違いである。労働災害を隠して得する人は誰もいない。

労災かくしによる弊害は多々あり、なかでも被災者が最も不幸になるだけである。

なお、労災かくしとは、「労働災害の発生に関し、その発生事実を隠ぺいするため、故意に労働者死傷病報告書を提出しないもの、および虚偽の内容を記載して提出するもの」をいう。

労働安全衛生規則第 97 条（労働者死傷病報告）

1　事業者は、労働者が労働災害その他就業中又は事業場内若しくはその附属建設物内における負傷、窒息又は急性中毒により死亡し、又は休業したときは、遅滞なく、様式第 23 号による報告書を所轄労働基準監督署長に提出しなければならない。

2　前項の場合において、休業の日数が 4 日に満たないときは、事業者は、同項の規定にかかわらず、1 月から 3 月まで、4 月から 6 月まで、7 月から 9 月まで及び 10 月から 12 月までの期間における当該事実について、様式第 24 号による報告書をそれぞれの期間における最後の月の翌月末日までに、所轄労働基準監督署長に提出しなければならない。

（2）労災かくしはなぜダメなのか

建設業の安全管理の水準が上がり、意識も向上し、災害も減少してきている。そのため、店社や現場における安全意識が高まれば高まるほど、労働災害は発生させたくないものである。

しかし、このような気持ちが強すぎると労働災害の発生を隠ぺいするという誤った行為を行うことになりかねない。

労災かくしに対して司法処分を含め厳しく対処することになっているのは、次の理由による。

① 労働基準監督機関が災害発生や発生原因等を把握し、当該事業場に再発防止対策を確立させるとともに、広く労働災害防止に役立たせることにある。

② 労働災害の発生状況を正確に把握し災害原因を究明することは、労働災害発生防止対策にとって重要である。

③ 事業所内において、災害発生の事実に目をつぶることとなり、自主的な再発防止対策を講ずることができなくなる。これは事業者による労働災害への取組み、意欲の欠如につながる。

④ 労災保険による適正な保険給付が行われず、下請業者や被災労働者が負担を強いられることになりかねない。これは非人道的な行為である。また、健康保険の適用は、労災保険に比して不利益となる。

⑤ 会社利益優先であれば人命尊重が損なわれる。

（3）送検事例

建設労務安全研究会・労務管理部会・「労働災害等報告に関する小委員会」が『いわゆる労災かくし排除のために』をまとめるに当たって収集した送検事例は全部で45例あり、それらを大別すると以下のように分類できる。

	被送検者（重複）		官　民		動　機（主として）				
	元請事業者	下請事業者	官　庁	民　間	下請の営業上	勤務評価	不法就労	無災害	建設業法
虚偽の報告	4	18	12	4	9			5	
報告せず	7	25	22	5	15	2	1	6	1

上記の送検事例から、被送検者のうち下請事業者が約80％を占めており、官民では官庁工事が約80％を占めている。動機の面では、下請の営業上の理由が圧倒的に多い。

次に、「虚偽の報告」と「報告せず」の事例を示す。

＜虚偽の報告（主として）＞

被送検者		官庁	災害発生状況（概要）	動機	その他
元請事業者	下請事業者				
	法人 副社長 管理部長	官庁	護岸工事で、負傷。自社の資材置場で発生したと虚偽の報告。労災保険使用せず、自社で補償していたが治療費がかさみ、労災保険に切り替えた。	元請に配慮。	
法人 所長 副所長 現場安全課長			元請は、ダム建設現場（下記３件も同じ現場）で休業を伴う労働災害が発生したことを知りながら統括管理状況報告においてゼロとして虚偽の報告をした。	（元請）労災保険の還付金目的か。（下請）元請に同調。	（元請）下請に指示。また、「統括管理状況等報告」で虚偽報告もあった（則第98条違反）。
	法人（リース） 代表取締役	官庁	リース会社のクレーン運転手がクレーンとシーブとワイヤロープの間に挟まれ右手指を骨折。休業約４カ月の負傷。同社の駐車場で負傷したとし虚偽の報告をした。		
	法人 土木課長		作業員がコンクリート打設中左足を骨折。別の現場で負傷したと虚偽報告。		
所長 副所長２名 現場安全課長 現場元事務長	法人 現場代理人 労務安全課長 代表取締役		作業員がキャリヤダンプから飛び降り左手首を骨折。別の現場で負傷したと虚偽報告。		共同正犯 従犯
所長 事務主任	法人 社長	官庁	国道舗装工事でコンクリートブレーカを使って路面破砕作業中、ブレーカの先端が左足を直撃し左親指骨折。全治１カ月の負傷。「下請の資材置場で作業中に負傷」と虚偽報告。	同じ元請の別の現場で４カ月前に事故があり、今後の受注に影響を及ぼす（元請の事情）。 虚偽報告を拒否すれば元請から今後の受注に影響が出る（下請の事情）。	元請と下請は共謀し労災かくし
	法人 専務	民間	住宅新築工事、コンクリート圧送作業中、生コンクリートをゴムホースの筒先から顔面に浴び、両眼部化学腐食等の傷を負う。58日間の休業。「休業３日」として虚偽の報告。		

＜報告せず（主として）＞

被送検者		官庁	災害発生状況（概要）	動機	その他
元請事業者	下請事業者				
法人 現場代理人	営業所長	官庁	地下鉄環状部建設工事、シールド建設現場でトンネルセグメントに足を挟まれ足くるぶしを骨折。	（元請）事故が多発していたため発注者から注意があったばかり。発注者からのクレームを恐れた。 （下請）元請に配慮、治療費等自社負担。	（元請）また、「統括管理状況等報告」で虚偽報告もあった（則第98条違反）。
	代表者	官庁	高速道路の管理施設新築工事。掛矢で右手を打たれ負傷。自社の資材置場で足場板等の整理中に負傷したとして処理。	元請の労災保険を使うと迷惑をかけ、仕事がもらえなくなると思った。	

（４）労災かくしを意図する動機

①　営業上の理由

- 下請にとって今後の取引に影響すると考えた。
- 下請が将来ともに当該元請と取引を継続したいことを察知した被災者が、労働基準監督署に報告していないことをネタに下請社長を脅したため、後日になって報告した。

②　無災害記録更新のため（メリット還付金のため）

- 元請の支店が数年間無災害継続中であることを知っていたので、当該現場からの事故報告により記録が中断することを懸念したため、自社で処理した。
- 労働基準監督署からモデル現場と紹介された関係から報告できず、下請の労働保険番号を使い、下請の資材置場で事故があったように報告した。
- 日頃から、元請所長から絶対に事故は起こさないよう厳しく、また繰返し指示されていた（元請の厳しい安全管理）。
- ２～３日の打撲が１カ月の治療を要する症状になったが、家族から労災保険の適用を強く要請され、やむを得ず、下請の労働保険番号を使って報告した。

これまでは下請で治療費、休補費を賄っていた。

③ 元請所長、職員への配慮（迷惑を掛けられない）

・事故により、所長の評価にかかわることと聞いていたので、元請、特に所長に迷惑がかかるといけないので事故報告をしなかった。

・元請職員の勤務評定に影響すると思ったので自社で処理した。

④ 発注者との関係

・建設業法で禁止されている一括下請に抵触することをおそれ、報告しなかった。

・経営事項審査の「工事の安全成績」（社会性）のランクアップのため、他所で発生したように報告した。

・発注者に対する配慮。

⑤ 外国人労働者

・外国人労働者がケガしたが不法就労であったため、入管法違反として罰金を科せられることをおそれ、元請に報告しなかった。

⑥ 被災者

・災害の発生を職長に叱られると思い、被災者が職長へ報告しなかった。

・氏名等を偽っていたため、被災者が職長へ報告しなかった。

（5）防止対策（こうすれば防げる労災かくし）

①　店社で実施

・労災かくしは犯罪であることの啓発を行う。
・経営者として、労災かくし防止のための決意と示達を行う。
・下請契約時、各事業者に厳しく指導し、不休災害であっても必ず報告すべきことを指示する（後日の申し出では現認できないこともある）。
・故意に、下請と共謀し、教唆しまたは幇助した者に対する社内懲罰規定を定め、昇格・昇進・賞与等に反映するなど厳しく処罰する。
・店社安全衛生パトロール時に必ず指導する。
・店社の安全衛生委員会、幹部会議、安全管理者研修等で指示・伝達する。
・現業部門の意識を高揚させる。

②　現場で実施（職長の実施事項）

・配下作業員に対して、どんな小さなケガでも報告するよう指示するとともに、報告しやすい雰囲気づくりに心掛ける。
・災害発生後は速やかに元請と自社へ報告する。
・災害発生から時間が経過した後に報告を受けた場合でも、速やかに元請と自社へ報告する。
・災害が発生したとき「当社（下請）で処理します」という申し出にはハッキリと断る。
・配下作業員に労災かくしは犯罪であり、自分にメリットがないことを教育する。
・その日の作業終了時、全員にケガはなかったかを必ず確認し、元請に報告する。

＜参考資料１＞

■ いわゆる労災かくしの排除について

「いわゆる労災かくしの排除について」通達（平成３年12月５日付け基発第687号）は下記のとおり。

要　旨

１．事案の把握および調査

（１）労働者死傷病報告書、休業補償給付支給請求書等関係書類の提出がなされない場合には、当該報告書の内容を点検し、必要に応じ関係書類相互間に突合わせを行い、災害発生状況等の記載が不自然と思われる事案の把握を行うこと。

（２）被災労働者からの申告、情報の提供がなされた場合には、その情報に基づき、改めて労働者死傷病報告書、休業補償給付支給請求書等関係書類の提出の有無を確認し、また、その相互間の突合わせを行い事案の内容の把握を行うこと。

（３）監督指導時に、出勤簿、作業日誌等関係書類の記載内容を点検し、その内容が不自然と思われる事案の把握を行うこと。

（４）上記（１）から（３）により把握した事案については、実地調査等必要な調査を実施し、労災かくしの発見に徹底を期すること。

２．事案を発見した場合の措置

（１）労災かくし行った事業場に対しては、司法処分を含め厳重に対処すること。

（２）（３）通達参照

（４）建設事業無災害表彰を受けた事業場にあっては、平成３年12月５日付基発第685号「建設事業無災害表彰内規の改正について」をもって指示したところにより、当該無災害表彰状を返還させること。

（５）労災保険のメリット制の適用を受けている事業場にあっては、メリット収支率の再計算を行い、必要に応じ、還付金の回収を行う等適正な保険料を徴収するための処理を行うこと。

不自然と思われる事案等

１．事案の動向

（１）業種別件数については、建設業が最も多く過半数を占め、次いで製造業となっていること。

（２）発覚の端緒については、被災労働者等からの申告・情報の提供によるほか、別紙（省略）に示す事例のとおり、職員が労働者死傷病報告書、休業補償給付支給請求書等に記載された災害発生状況等に疑問を持ち、必要な調査を実施した結果、発覚したものも多く含まれていること。

（３）動機については、建設業にあっては、無災害記録の更新または元請事業者から指示・圧力もしくは元請事業者への配慮によるものが６割以上を占め、製造業にあっては、資格外外国人労働者の発覚を恐れるものが過半数を占めている。

２．事案の把握および調査（特に、建設業および金属製品製造業に重点をおくこと。）

（１）関係書類の受理時の点検および相互間による突合わせ。

①　特に、次の事項に配慮して、記載内容が不自然と思われる事案の把握に努めること。

（イ）災害発生後、著しく遅延して提出されたもの。

（ロ）クレーン・移動式クレーンまたは車両系建設機械を使用している場所で、災害発生状況及び災害発生当時のクレーン等の使用状況に不自然さが認められるもの。

（ハ）災害発生状況からみて休業見込日数、傷病の部位、被害の程度に不自然さが認められるもの。

（ニ）建設業にあっては、災害発生場所が、資材置場・自社敷地内等の建設現場以外であるもの。

（ホ）金属製品製造業にあっては、外国人労働者を多く使用しているもの。

②　休業補償給付支給請求書等の受理時の点検、受理に際しては、特に、次の事項に配慮して、災害の原因および災害発生状況欄等に係る記載内容が不自然と思われる事案の把握に努めること。

（イ）休業補償給付支給請求書の新規受理に際しては、被災者が特別加入者である場合を除き「労働者死傷病報告提出年月日」欄の記入のないもの。

（ロ）建設業にあっては、災害を発生させた工事現場の名称等からみて、本来元請の労働保険番号で請求すべきものを、下請の労働保険番号で請求していると思われるもの。

（ハ）療養補償給付たる療養の給付請求書およびレセプト（診療明細）の受理に際しては、療養補償給付たる療養の給付請求書の「災害原因および発生状況」欄の記載内容が推定される傷病部位等と、レセプトの「傷病の部位および傷病名」欄に）記載された内容が不自然と思われるもの。

（ニ）前記①の（イ）から（ホ）に掲げるもの。

③　関係書類相互間の突合わせ

前記①及び②より、記載内容が不自然と思われる事案を把握した場合には、次の事項に留意し、関係書類相互間の突合わせを行い、記載内容の整合性の確認を行うこと。

（イ）労働者死傷病報告書と休業補償給付支給請求書等に記載された労働保険番号が一致していること。

（ロ）労働者死傷病報告書の「発生年月日」欄と、休業補償給付支給請求書等の「負傷または発病年月日」欄の記載内容が一致していること。

（ハ）労働者死傷病報告書「傷病の部位」欄と、療養補償給付たる療養の給付請求書の「傷病の部位および状態」の欄等の記載内容が一致していること。

（ニ）労働者死傷病報告書の「休業見込日数」欄と、療養補償給付支給請求書の「療養のため労働することができなかったと認められる期間」欄等の記載内容がほぼ一致していること。

（ホ）労働者死傷病報告書の「災害発生状況および原因」欄と、休業補償給付支給請求書等の「災害の原因および発生状況」欄の記載内容がほぼ一致していること。

（ヘ）統括管理状況報告書の「労働災害の発生状況」欄と、提出された労働者死傷病報告書が一致していることを確認すること。

（2）被災労働者からの申告等

被災労働者その他関係者から申告・情報の提供がなされた場合、および社会保険事務所から、被災状況からみて労災保険の適用を受ける疑いがある旨の照会があった場合については、その情報に基づき、改めて労働者死傷病報告書・休業補償給付支給請求書等の関係書類の提出の有無を確認し、またその相互間の突合わせを行い事案の内容を把握すること。

＜参考資料２＞

■　労働者死傷病報告書式　様式第 23 号（死亡または休業４日以上の場合）

労働者死傷病報告

様式第23号（第97条関係）（表面）

様式番号	81001
労働保険番号	13101825015025
事業の種類	職別工事業
事業場の名称（カナ）	オオヤマケンセツカブシキガイシャ
事業場の名称（漢字）	大山建設株式会社
工事名	中央会館新築工事
事業場の所在地	東京都江東区亀戸２－Ｘ－Ｘ　電話　03（3681）63XX
構内下請事業の場合は親事業場の名称、建設業の場合は元方事業場の名称	八重洲・木下共同企業体
郵便番号	104－XXXX
労働者数	55人
発生日時（時間は24時間表記とすること。）	9（令和）03年07月16日 13時20分
被災労働者の氏名（カナ）	ミヤモト　タカユキ
被災労働者の氏名（漢字）	宮本　孝之
生年月日	5（昭和）58年05月01日（38）歳
性別	男
職種	鳶工
経験期間	4年
休業見込期間	90日
傷病名	単純骨折
傷病部位	右大腿部
被災地の場所	東京都中央区八丁堀２－Ｘ－Ｘ

災害発生状況及び原因

①どのような場所で ②どのような作業をしているときに ③どのような物又は環境に ④どのような不安全な又は有害な状態があって ⑤どのような災害が発生したかを詳細に記入すること。

コンプレッサー（1.5ｔ）を小型トラックからおろすため、二段継ぎ鉄製三叉（脚の長さ 5.14m）吊上げ能力 2.5ｔをトラックの荷台にあるコンプレッサーの直上に設置し、ついで２ｔのチェンブロックを三叉にとりつけ、18mm のワイヤーで玉掛けをして、コンプレッサーを 10cm 吊上げ、トラックを前進させてから徐々にチェンブロックを下げはじめた。2、3回チェーンを下げたとき突然三叉の脚の一本がすべりだし、三叉が安定を失って転倒し、約１mの高さに吊っていたコンプレッサーが落下し、コンプレッサーの端部が被害者の右大腿部に激突したものである。

略図（発生時の状況を図示すること。）

労働者が外国人である場合のみ記入すること。　国籍・地域（　　）　在留資格（　　）

職員記入欄：国籍・地域コード　在留資格コード　起因物　店社コード　業種分類　事故の型　発注者種類　事業場等区分　業務上疾病（1:該当　2:非該当）　自由設定項目(1)(2)(3)

報告書作成者職氏名　所長　中島　明

令和３年　７月　20日

事業者職氏名　大山建設株式会社
代表取締役社長　細内　俊夫

中央　労働基準監督署長殿

受付印

〈出典〉建設労務安全研究会 編「建設業労務安全必携」

第3章
職長が行うリスクアセスメント

この章では、労働安全衛生法において、建設物や作業行動などに起因する危険性または有害性等の調査とその低減措置の実施（リスクアセスメント）が事業者に努力義務として課せられている（一定の危険・有害性が確認されている化学物質（通知対象物等）については実施義務）ことにより、職長が行うリスクアセスメントの考え方や進め方、リスクアセスメントを取り入れた作業手順書の作成の仕方など、具体的に記載しています。

3-1 リスクアセスメントの考え方・進め方

従来の労働災害防止は、発生した労働災害の原因を調査し、同種の災害の再発防止対策を確立し、各現場に徹底していくという方法である。しかし、現場には、目に見えない潜在的危険性が潜んでおり、常に労働災害が発生する可能性が存在すると考えられている。

今後さらに安全衛生水準の向上を目指すため、従前に行ってきた事故事例の分析のみに頼るのではなく、各々の工事現場に潜んでいる危険性や有害性を調査し、特定した要因を除去、低減する措置に結びつける、新たな方法による労働災害防止対策が指針として示された。

各々の工事に潜む危険を洗い出し、特定し、労働災害の芽を摘むための効果的な方法、すなわち「リスクアセスメント」である。

（１）リスクアセスメントとは

①　リスクアセスメントの５つのステップ

リスクアセスメントとは、職場にある危険性または有害性を特定し、そのリスクを見積もり、優先順位の高いリスクから低減対策を講じ、実施していくものである。

職長が行うリスクアセスメントは、「現場や作業に潜在する危険性または有害性を洗い出し、そのリスク（危険性または有害性）を見積もって評価し、リスク低減の対策を決め、実行する。そして、記録を残す」というものである。

リスクアセスメントの５つのステップは、次のとおりである。

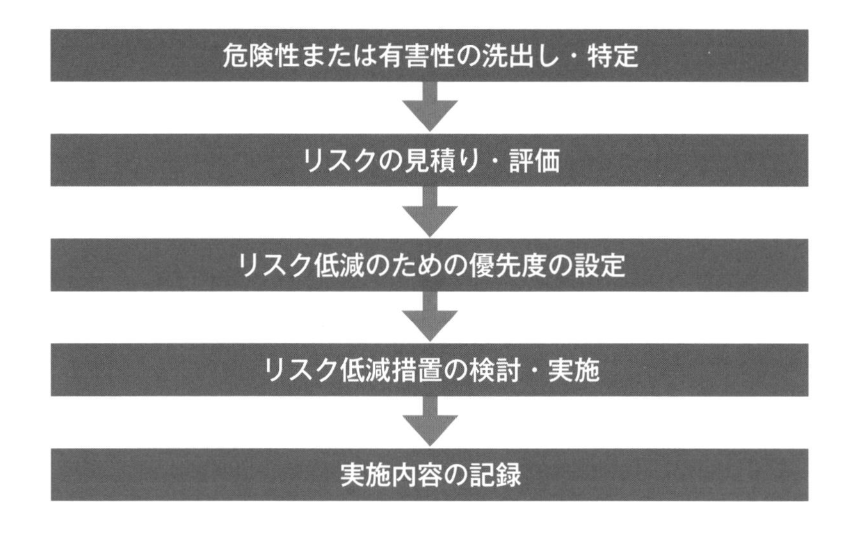

②　リスクとは労働災害につながる「危険性または有害性」

リスクという言葉があふれている。テロのリスク、環境破壊のリスク、病気のリスクなどばかりでなく、投資の世界でも「ハイリスク、ハイリターン」など、あらゆるところで使用されている。

リスクは「危険性」と訳されている。しかし、「リスクがある」とか「リスクをとる」という場合には、危険なことはあるが、必ず起きるというニュアンスよりも、「起きるかもしれない」というニュアンスが強くなる。

このようにリスクの考え方には、ただ単に「危険」というのでなく、発生の不確実性や確率が同時に考えられているのである。

このような背景のもとで、労働災害におけるリスクとは、「労働者の就業に係る特定された危険性または有害性によって生ずるおそれのある、労働災害の重篤度および発生する可能性の度合い」とされている。そのリスクに関するアセスメント（洗出し、見積り・評価、除去・低減対策の検討等）について解説する前に、皆さんがこれまでに実施している危険予知（ＫＹ）活動について触れておきたい。

③　ＫＹをなぜ行うかを考えればリスクアセスメントがわかる

皆さんは、これまでもＫＹ活動を行ってきている。

リスクアセスメントもＫＹも、作業開始前や計画時点で危険性または有害性を減らそうというところは同じである。また対策の検討までの手法も似ている。

ＫＹは、最近では一人ＫＹ・現地ＫＹなどその種類が増えているが、ＫＹのうちで、最も基本的といえる４ラウンドＫＹを例にとって、リスクアセスメントの考え方と比較してみよう。

４ラウンドＫＹの進め方

１ラウンド	どんな危険が潜んでいるか（危険の見つけ出し）
２ラウンド	これが危険のポイントだ　（危険の絞込み）
３ラウンド	あなたならどうする　　　（対策の検討）
４ラウンド	私たちはこうする　　　　（行動目標の設定）

①　危険を見つけ出し
②　危険の絞込みを行い
③　危険を回避・低減する対策を検討し
④　有効な対策を実施する

この流れは、リスクアセスメントの考え方と共通するものであり、ＫＹをなぜ行うかを考えれば、リスクアセスメントを理解できるといえるだろう。

ＫＹは、ご承知のとおり「その日の作業に潜む危険を皆で見つけ出して、最も危険なものを絞り込み、みんなでその対策を考え、実施しよう」という活動である。

計画段階で、危険を予知し、芽の段階で摘み取ろうとするものであり、まさにリスクアセスメントと同じ考え方ということがおわかりかと思う。

④　ＫＹとリスクアセスメントの共通点・相違点

ＫＹとリスクアセスメントの共通点をまとめると、次の事項があげられる。

ａ．危険性・有害性を作業前に見つけ出して、対策を立てる

ｂ．危険性・有害性のうち、危険の度合い（リスクレベル）が高いものに対して手を打つ

ｃ．災害の事前防止が目的

ＫＹとリスクアセスメントの相違点として、次の事項があげられる。

ＫＹとリスクアセスメントの相違点

	ＫＹ	リスクアセスメント
実施時間	作業前	・作業の計画時 ・作業手順作成時 ・労災再発防止時
実施者	・職長 ・作業員	・事業者 ・安全担当 ・職長
措置事項	守るべき行動・作業	・計画の改善 ・安全設備の設置 ・管理の徹底
ねらい	作業員が共通の安全行動目標を決め全員が守る	事業者が建設物、設備、資材または作業で発生する危険性・有害性から作業員を守る

なお、リスクアセスメントを取り入れた危険予知活動について、106ページを参照されたい。

(2) リスクアセスメントの具体的な進め方

①　危険性または有害性の洗出し・特定

作業で発生する危険性または有害性について、手順（ステップ）ごとに原因と結果を予測しながら洗い出し、特定する。ポイントとして「～の作業をするとき、～して（危険性または有害性）、～になる（災害の型）」と予測すると特定しやすい。

クレーンによる単管パイプの移動作業　洗出しの事例

1)　地切りの作業

・作業のステップ：地切りの作業をするとき
・危険性・有害性：重心の取り方が悪く荷が振れる
・災害の型　　　：激突（吊荷に当たる）

2）　荷の巻き上げ作業

・作業のステップ：
　荷の巻き上げをするとき
・危険性・有害性：
　長さの違う単管を巻き上げたので、
　短い単管が抜け落ちる
・災害の型：飛来落下（吊荷に当たる）

②　リスクの見積り・評価

「リスク」は、危険性または有害性による負傷や疾病が発生する可能性の度合と、その災害の重大性（重篤度）を組み合わせて見積もり、評価する。

a．災害が発生する可能性の度合の見積り

以下に可能性の度合の見積り例を示す。事業場や職場の実態に応じて、簡単でわかりやすく作成すること。

災害が発生する可能性の度合の見積り例

災害発生の可能性	可能性（度合）の見積基準	点　数
かなり起こる	６カ月に１回程度発生する	3
たまに起こる	１年に１回程度発生する	2
ほとんど起こらない	５年に１回程度発生する	1

b．災害の重大性（重篤度）の見積り

以下に災害の重大性（重篤度）の見積り例を示す。事業場や職場の実態に応じて、簡単でわかりやすく作成すること。

災害の重大性（重篤度）の見積り例

災害の重大性	重大性（重篤度）の見積基準	点　数
極めて重大	死亡および障害を伴う災害	3
重　　　大	休業４日以上の災害	2
軽　　　微	休業４日未満の災害	1

c．リスクの評価

可能性の度合と災害の重大性を組み合わせたリスクの評価方法には様々な手法があるが、以下に掛け算方式の例を示す。

災害発生の可能性の度合　×　災害の重大性（重篤度）　＝　リスク

例えば、可能性が「たまに起こる」で、重大性が「極めて重大」であれば、「２」×「３」となり、リスクの数値は「６」である。

重大性（重篤度）／可能性（度合）	極めて重大（死亡・障害）【点数３】	重　大（休業災害）【点数２】	軽　微（統計外災害）【点数１】
かなり起こる（６カ月に１回程度）【点数３】	３×３＝９ 点数９	３×２＝６ 点数６	３×１＝３ 点数３
たまに起こる（１年に１回程度）【点数２】	２×３＝６ 点数６	２×２＝４ 点数４	２×１＝２ 点数２
ほとんど起きない（５年に１回程度）【点数１】	１×３＝３ 点数３	１×２＝２ 点数２	１×１＝１ 点数１

③　リスク低減のための優先度の設定

見積もられたリスクの大きさに対し、優先的に対策を行うためのレベル分けを設定することが必要となる。以下にリスクと優先度の設定例を示す。

リスクと優先度の設定例

リスク点数	リスクの大きさ	危険度（リスクレベル）	優先度と対策	
9	かなり危険度が高い	ランク５	最優先	作業方法等の変更が必要
6	危険度が高い	ランク４	優先	対策の再検討、強化が必要
4～3	危　険	ランク３	速やかに	対策の徹底が必要
2	やや危険度が低い	ランク２	計画で※１	対策を実施する
1	危険度が低い	ランク１	日常管理で※２	監督指示等による注意喚起を行う

※１：安全管理を計画に則って実施　※２：計画に取り上げない程度で、日常の安全施工サイクルの中で実施

クレーンによる単管パイプ移動作業　リスク評価の事例

1）　地切りの作業

・可能性の度合：たまに起こる⇒点数２

・災害の重大性：重大⇒点数２

リスクの数値は２×２＝４と見積もられ、リスクの大きさは「危険」と評価されるため、速やかに対策の徹底が必要である。

2）　荷の巻き上げ作業

・可能性の度合：たまに起こる⇒点数２

・災害の重大性：死亡および障害を伴う災害であり極めて重大⇒点数３

リスクの数値は２×３＝６と見積もられ、リスクの大きさは「危険度が高い」と評価されるため、優先的に対策の再検討や強化が必要である。

④　リスク低減措置の検討および実施

リスク低減措置は、法令に定められた事項がある場合にはそれを必ず実施するとともに、次に掲げる順で検討し実施する。

ａ．危険な作業の廃止・変更、危険性や有害性の低い材料への代替、より安全な施工方法への変更など、計画の段階から危険性または有害性を除去・低減する措置

ｂ．機械や設備の改善や安全装置の設置などの工学的対策

ｃ．安全教育の実施や訓練、マニュアルの整備などの管理的対策

ｄ．上記の措置を講じても除去・低減できない場合、安全帯（平成31年２月から正式名称が「墜落制止用器具」に変更された。ただし本書では、以下、通称の「安全帯」を用いる）や保護帽などの個人用保護具の使用

クレーンによる単管パイプ移動作業　リスク低減措置の検討・実施の事例

1)　荷の巻き上げ作業（地切り作業より優先度が高い）

・玉掛者が吊り荷の単管を固く番線で縛る

・同じ長さの単管にする

・短い単管は、吊り袋などの用具を使う

⇒より安全な施工方法への変更による対策

2)　地切りの作業

・玉掛者が吊り荷の重心をきちんと取る

・地切り後に一旦停止して吊り荷を確認する

・不安定な場合はやり直す

⇒安全教育や訓練による人への管理的対策

⑤　リスクアセスメント実施内容の記録

次のリスクアセスメントの実施内容を記録すること。

・洗い出した作業

・特定した危険性または有害性

・見積もったリスク

・設定したリスク低減措置の優先度

・実施したリスク低減措置の内容

リスクアセスメントは、「事前検討会」「作業計画の作成・見直し」「作業手順の作成・見直し」「災害・事故の再発防止」などの際に行うと、災害防止の効果が大いに発揮される。

皆さんはこの手法を活用され、安全な現場、安心できる現場を目指してください。

3-2 リスクアセスメントで災害原因と対策を考える

洗い出した危険性・有害性を災害発生の「可能性」と災害発生の「重大性」の２つの面から見積もるが、ここでは見積りをどのように行うか、災害事例をもとに行ってみよう。

（１）災害事例を用いたリスクアセスメント

見積り基準（見積り表）については、P82 ～ 83「リスクアセスメントの具体的な進め方」を参照。

災害事例　①　足場からの墜落災害

【発生状況】

寺院本堂改修工事において、被災者は同僚以下２名と屋根を解体した木材を荷降し作業床（ステージ）へ運搬する作業を行っていた。

荷降しに用意したワイヤーモッコに解体材を積込み、ベビーホイストで吊り上げて降ろし始めたところ、ワイヤーモッコに引きずられて 10.7 m下の地上へ墜落した。安全帯は使用していなかった。

被災者の職種は造作大工で、経験はなく、年齢は 49 歳であった。

【発生原因】

・手摺があったので大丈夫と思って安全帯を使用しなかった。
・荷にひきずられた。
・荷降しステージがなく、無理やり材料を降ろしていた。
・不慣れな作業をさせるのに指導教育しなかった。

【リスクの見積り・評価】

災害発生原因を見積り表に当てはめ、リスクアセスメントを行う。

災害発生の原因	可能性	重大性	リスク点数	危険度
・安全帯を使用しなかった	3	3	9	ランク５
・荷に引きずられた	2	2	4	ランク３
・荷降ろしステージがなかった	2	3	6	ランク４
・指導教育をしていなかった	2	2	4	ランク３

以上のリスク評価からリスクレベルの高い順に対策を検討・実施し、再発防止・類似災害の防止を図る。

【防止対策】

・職長、同僚が注意して安全帯を使用させる。
・荷降しステージを充分に張り出す。
・荷から手を離す。必要なら介錯ロープを使用する。
・ 初めての作業を行わせる場合は、基本的安全対策をしっかりと指導教育する。
・特に初心者には、どのような場合に安全帯を使用するかを事前に指導する。

災害事例　②　土砂災害による災害

【発生状況】

道路建設工事における擁壁コンクリート型枠解体作業で、掘削した床面に入って型枠解体作業中、道路側の掘削面が崩壊し（約２m^3）、腰まで埋まり死亡した。

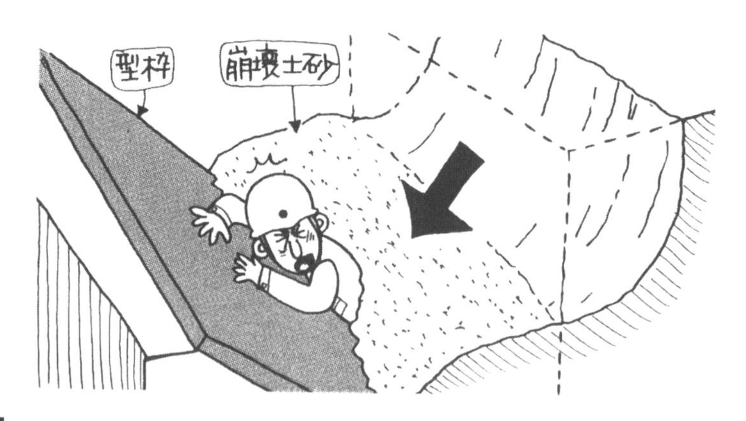

【発生原因】

・山止めを設置しなかった。（計画の悪さ）
・掘削勾配が適切でなかった。（管理面の悪さ）
・地山の点検を行っていなかった。（管理面の悪さ）

【リスクの見積り・評価】

災害発生原因を見積り表に当てはめ、リスクアセスメントを行う。

災害発生の原因	可能性	重大性	リスク点数	危険度
・山止めを設置しなかった	2	3	6	ランク４
・掘削勾配が不適切	2	3	6	ランク４
・地山の点検を未実施	2	3	6	ランク４

以上のリスク評価からリスクレベルの高い順に対策を検討・実施し、再発防止・類似災害の防止を図る。

【防止対策】

・当初より山止め設置を検討をする。
・雨や雪によって崩壊しやすくなるので、現場の状況をよく点検してから作業にとりかかる。
・道路などの埋め戻し箇所は崩壊しやすいので、安全な勾配をとるか、土止め支保工の設置を行う。
・作業前に地山の状況をよく点検する。
・危険予知を行ってから作業に取りかかる。

災害事例　③　ドラグショベルによる災害

【発生状況】

浄水場新設工事現場の資材置場において、山留用H型鋼をバックホウのバケットフックに掛けた「横吊用クランプ」で吊り、積上げ作業中に作業員がクランプを外していたとき、運転者が誤って操作レバーを動かしたため、バケットが動いて作業者の胸に激突した。

【発生原因】

・バックホウの運転を無資格者に行わせた。
・運転中のバックホウに接触するおそれのある箇所に作業者が立ち入った。
・作業員が近接している時に、レバー操作を行った。
・車両系建設機械を主たる用途以外で使用した。

【リスクの見積り・評価】

災害発生原因を見積り表に当てはめ、リスクアセスメントを行う。

災害発生の原因	可能性	重大性	リスク点数	危険度
・無資格者に運転させた	2	3	6	ランク4
・危険箇所に立ち入った	2	2	4	ランク3
・近接にもかかわらず操作した	2	3	6	ランク4
・用途外使用を行った	3	3	9	ランク5

以上のリスク評価からリスクレベルの高い順に対策を検討・実施し、再発防止・類似災害の防止を図る。

【防止対策】

・車両系建設機械を主たる用途以外では使用しない。
・車両系建設機械の運転は有資格者（技能講習修了者または特別教育修了者）に行わせる。
・作業員が接近して作業している時は、レバー操作を行わない。
・やむを得ず、車両系建設機械に接触するおそれのある箇所に作業者を立ち入らせるときは、誘導者を配置する。

災害事例　④　玉掛作業における災害

【発生状況】

道路橋の橋脚建設工事において、土止め支保工の解体作業中、解体したＨ鋼を搬出するため吊り上げたところ、フックの位置がＨ鋼に取り付けた吊金具の位置とずれていたため、Ｈ鋼が横に２ｍ振れ、吊り上げたＨ鋼の脇で溶断作業の準備をしていた作業員の頭部に激突して、死亡した。

【発生原因】

・フックの位置がＨ鋼の吊金具の位置とずれていた。
・吊り上げを行っている近くで他の作業を行おうとしていた。
・作業方法の事前打合せが不足していた。

【リスクの見積り・評価】

災害発生原因を見積り表に当てはめ、リスクアセスメントを行う。

災害発生の原因	可能性	重大性	リスク点数	危険度
・フックと吊金具の位置がずれていた	2	3	6	ランク４
・吊り荷作業近くで作業していた	3	2	6	ランク４
・作業打合せが不足していた	2	2	4	ランク３

以上のリスク評価からリスクレベルの高い順に対策を検討･実施し、再発防止･類似災害の防止を図る。

【防止対策】

・合図者は吊り上げ時にフックの位置と、吊金具の位置にずれがないか確認する（吊る前と地切り確認）。
・合図者は荷が振れるおそれのある箇所から作業員を撤退させる。
・作業方法、作業手順について事前に十分検討・打合せを行う。
・作業区分を明確にし、立入禁止措置を行う。

災害事例　⑤　クレーン作業による災害

【発生状況】

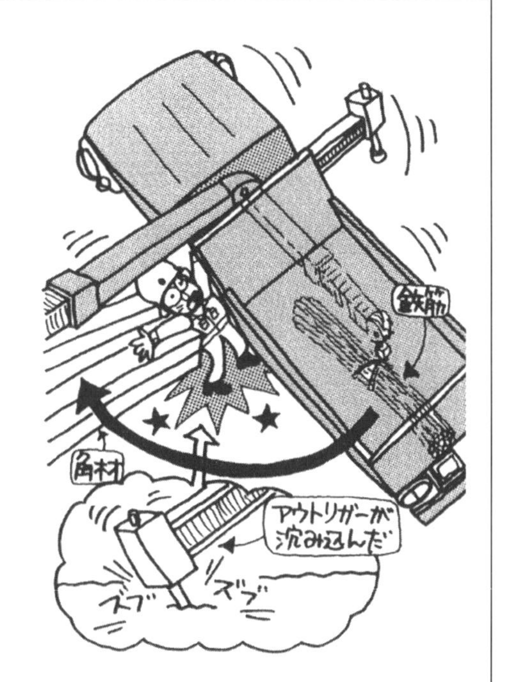

積載型トラッククレーン（吊上げ荷重2.93 t）荷台に積まれた鉄筋5.5 m（約1.7 t）を降ろすため、鉄筋置場の近くに移動し積載型トラッククレーンを設置し、左右のアウトリガーを最大に張り出した。

被災者自ら玉掛けを行い、荷を1 m吊り上げ、ブームを伸ばしながら作業半径4 m、傾斜角度30度で旋回させたところ、アウトリガーが沈み込んだため、積載型トラッククレーンが傾き、クレーンのそばに積んであった角材と車体に挟まれ負傷した。

被災者は、玉掛け作業および移動式クレーン運転の資格は持っていた。

【発生原因】

- クレーンの作業半径とブームの吊り角度による定格荷重が変わることに注意しなかった。（クレーン性能表で能力を検討していなかった）
- 敷き鉄板等でアウトリガーの養生が行われていなかった。
- アウトリガーを最大に張り出したにもかかわらずロックを忘れた。
- 職長に作業内容を相談せずに勝手に作業した。

【リスクの見積り・評価】

災害発生原因を見積り表に当てはめ、リスクアセスメントを行う。

災害発生の原因	可能性	重大性	リスク点数	危険度
・クレーンの能力を考慮しなかった	3	3	9	ランク5
・アウトリガーの養生をしなかった	3	3	9	ランク5
・アウトリガーのロックを忘れた	2	2	4	ランク3
・職長に作業の相談をしなかった	2	3	6	ランク4

以上のリスク評価からリスクレベルの高い順に対策を検討･実施し、再発防止･類似災害の防止を図る。

【防止対策】

- 積載型トラッククレーンの能力設置から荷積み荷降ろし等、一連の作業手順に関し適宜再教育する。クレーン能力により、鉄筋の束を小分けする。（最初に

ユニックに積み込む前に）
- クレーンの停車位置の選定と、地盤の確認を実施し、養生鉄板は常に使用するよう習慣づける。
- 有資格者といえども、打合せにない作業が発生したら、必ずその作業について作業開始前に職長と作業方法、作業手順等の打合せを行う。（元請に報告し了解を得る）
- 小型移動式クレーン（積載型トラッククレーン 2.9 t クラス）は、必ず取扱者を指名し、指名された者以外は、運転や操作をさせないようにし、基本操作を確認させて作業にかからせる。

以上、５つの災害事例を使ってリスクアセスメントを行ってきた。ここでは３段階の数字により、可能性と重大性を掛けて点数を出して、５段階でリスクを評価したが、これ以外の方法もあるので下記に示す。

- 見積り基準を○、△、×の記号で行い、その組合わせによって評価し、判定を行う。（建災防）
- 見積り基準を数字で表し、足し算によって数値化したもので評価、判定を行う。
- 見積り基準を１～５までの数字で行い、掛けて数字を大きく表して差をつけて評価、判定を行う。例：１～４（E）、５～９（D）、10 ～ 14（C）、15 ～ 19（B）、20 ～ 25（A）
- リスク評価を３段階「危険度が高い」「危険」「危険度が低い」等、簡単な形で評価、判定を行う。

以上、みなさんの会社の実態に合わせて、やりやすく、わかりやすい方法で実施してください。

(2) リスクアセスメントを取り入れた作業手順書

①　作業手順書の構成

現在の安全衛生管理は、従来の再発防止の安全から、「先取り（予防）の安全」への取組みが重要視されている。

従来の作業手順書は、まとまり作業から単位作業（重機掘削・積込み等）を分解し、この作業を「作業区分・単位作業・急所」で作成したものであったが、今後は作業における単位作業ごとの危険性または有害性を「洗出し・見積り・評価」して、対策を追加導入し作成する作業手順書になる。

従来の作業手順書

作業の手順	要点・急所	注意事項
準備作業 1．作業前のミーティングを行う（記録する）	・新規入場者のチェックをする ・当日の各自の健康状態をチェックする ・作業の分担を決め、方法、手順を全員で確認する ・各自作業前に安全確認の上作業を行う ・高所作業における適正配置	・氏名、年齢、住所、既往症 ・高年齢者、年少者は配置しない

リスクアセスメントを取り入れた作業手順書

作業工程	作業の順序	危険有害要因の特定（予想される災害）	重大性	可能性	評価点	評価	危険有害要因の除去・低減のための実施すべき事項の特定（防止対策）	誰が
1．準備作業	1. 作業前のミーティング等 ・新規入場者のチェックをする（氏名、年齢、住所、既往症等） ・当日の各自の健康状態をチェックする ・高所作業における適正配置 ・作業の分担を決め、方法、手順を全員で確認する ・各自作業前に安全確認のうえ作業を行う	・高年齢者、年少者以外を配置する ・混在作業	2	3	6	ランク4	・安全打合せでの調整、決定事項を全員に周知する ・作業の範囲、方法、手順、安全対策等を確認する	作業主任者

②　作業手順書作成の留意点

次の点に留意して作成する。

ａ．当該現場の実状に合ったものであること。

ｂ．労働安全衛生法等の法令に違反していないこと。

ｃ．できるだけわかりやすく、具体的で、簡潔に表現すること。

ｄ．表現方法は、肯定語を使用し否定語と疑問語は使用しないこと。

例：肯定語…「○○する」

否定語…「○○しない」

疑問語…「○○ではないか」

③　作業手順書とリスクアセスメント

作業を安全に行うためには、実施する作業にどのような危険性または有害性が潜んでいるか、作業開始前に安全ミーティング・危険予知活動等で洗い出し、評価を行い、対策を講じ、これを作業中に実施することが重要である。

職長・安全衛生責任者は、実施する作業の作業手順書の中にどのような危険性または有害性が潜んでいるかを事前に洗い出し評価したものに、対策を立てておく必要がある。

なお、常日頃行う作業の危険性または有害性の対策は、作業手順書の急所を利用すると最も効果的である。

ａ．危険性または有害性の洗出し

危険性または有害性の洗出しは、作成した作業手順書の主な単位作業ごとにどのような危険性または有害性が潜んでいるか、過去の労働災害事例やヒヤリ・ハット事例等を参考に検討する。

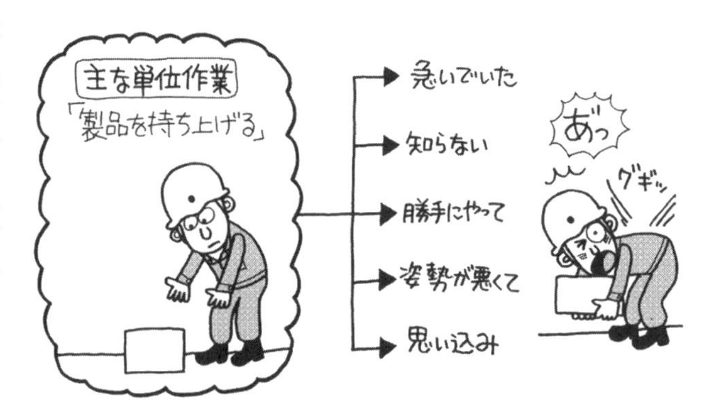

b．リスクの見積りと評価

リスクの見積りは、もし労働災害が発生すると、その労働災害の「発生の可能性（度合）」はどの程度か、その労働災害の受傷の「重大性（重篤度）」を単位作業ごとに見積り、評価する。

なお、作業手順書に基づいた過去のデータ等がない場合、「発生の可能性（度合）」と「重大性（重篤度）」の見積りと評価には、職長・安全衛生責任者および作業手順書作成に参画した作業員等の過去の経験等を参考にする。

見積りと評価は、社内基準を作成し、これに基づいて実施する。

c．リスクの除去と低減対策

作業手順書の中での危険性または有害性に対する対策は、従来の作業手順書の要点・急所を利用し作成する。

作業手順からのリスクアセスメント

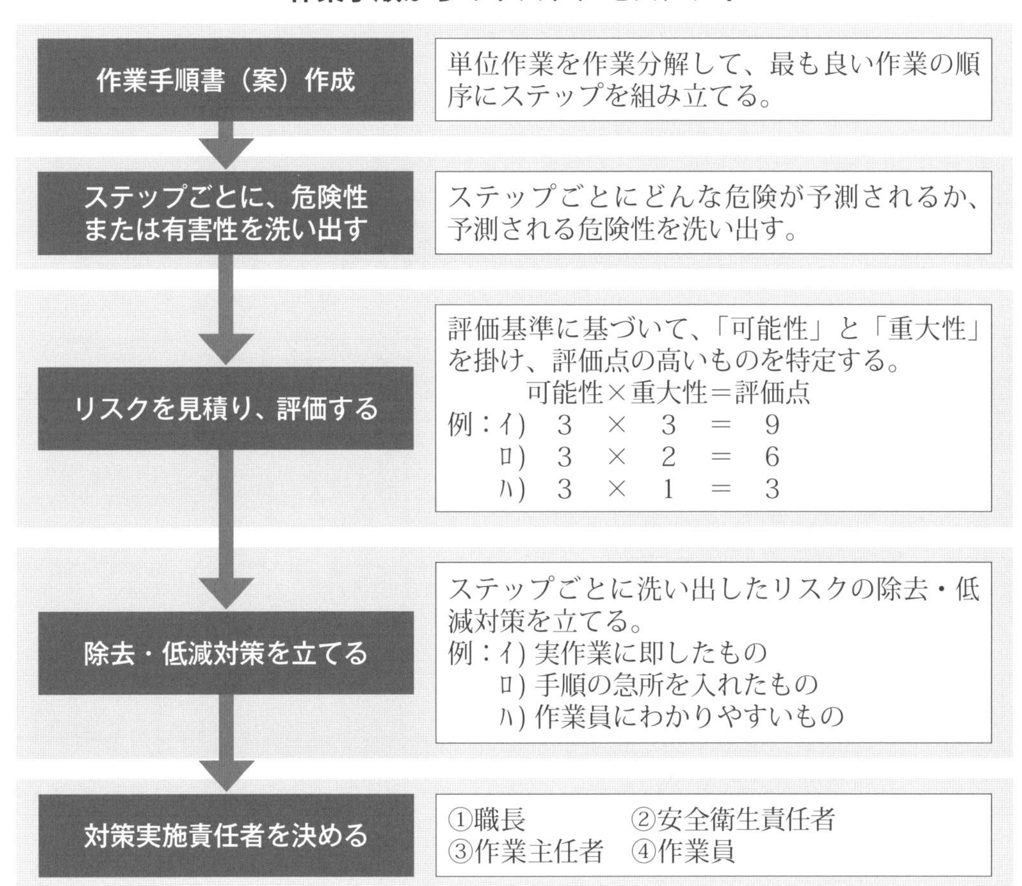

作業手順書（枠組み足場組立て作業）の例

枠組み足場組立て作業

		元請確認欄	
作業名	枠組み足場組立て作業	施工会社名	
工法等		工事名	
作業期間	令和　　年　　月　　日～令和　　年　　月　　日	担当職長名	
作成年月日	令和　　年　　月　　日　作成	改訂年月日	令和　　年　　月
作成責任者			

使用設備・機械 ・移動式クレーン（吊り上げ荷重５ｔ以上） ・その他（　　　　　　　　　　　　　　　　　　　　　　　　　　）
使用工具・機器 ・ハンマー・ラチェット・玉掛ワイヤロープ・布袋・介錯ロープ ・安全ブロック・滑車 ・その他（　　　　　　　　　　　　　　　　　　　　　　　　　　）
安全設備・保護具 ・保護帽・安全帯・皮手袋・保護手袋・安全靴・親綱支柱・親綱・バリケード ・カラーコーン・トラロープ・積載荷重標示板 ・その他（　　　　　　　　　　　　　　　　　　　　　　　　　　）
使　用　資　材 ・敷板（足場板）・砕石・枠組み足場材・出入口梁枠・昇降階段・昇降階段受枠 ・壁つなぎ・端部手すり・階段手すり・補強用単管・クランプ・層間養生用ブラケット ・層間安全ネット・垂直養生シート（メッシュシート）・朝顔部材 ・その他（　　　　　　　　　　　　　　　　　　　　　　　　　　）
作業に必要な主な資格と配置予定者（作業主任者・作業指揮者・監視人等） ・移動式クレーン運転士：　　　　　　　　　　　　・監視人： ・小型移動式クレーン運転技能講習修了者： ・足場の組立て等作業主任者： ・足場の組立て等の特別教育修了者： ・玉掛技能講習修了者： ・巻上げ機の運転の業務特別教育修了者： ・合図者：
施工会社・関係者周知記録（サイン）（　　　年　　月　　日）
備　　考（打合せ事項・確認事項等）

作業工程	作業の順序	危険有害要因の特定（予想される災害）	重大性	可能性	評価点	評価	危険有害要因の除去・低減のための実施すべき事項の特定（防止対策）	誰が
0. 足場計画図の確認								作業主任者
1. 準備作業	・使用用具・工具類点検	・移動中の転倒	2	2	4	ランク3	・玉掛用具の作業開始前点検をする	玉掛者
	・危険・立入禁止区域設定	・関係者以外の立入り					・立入禁止はわかりやすくする	作業主任者
	・設置地盤の確認	・不陸、軟弱地盤					・不陸の整形と十分な締固めをする	
2. 部材の搬入・荷降ろし・小運搬（イラスト）	1）荷降ろし（クレーン）	・吊り荷の落下	3	3	9	ランク5	・正しい玉掛けと確実な合図をする	玉掛者
		・移動式クレーンの転倒					・設置地盤の耐力確保とアウトリガーの確実な張出しを確認する	オペレーター
	2）部材の確認						・足元を確認しながら運搬する	
	3）設置場所への小運搬							

部材の搬入・荷降ろし・小運搬　イラスト

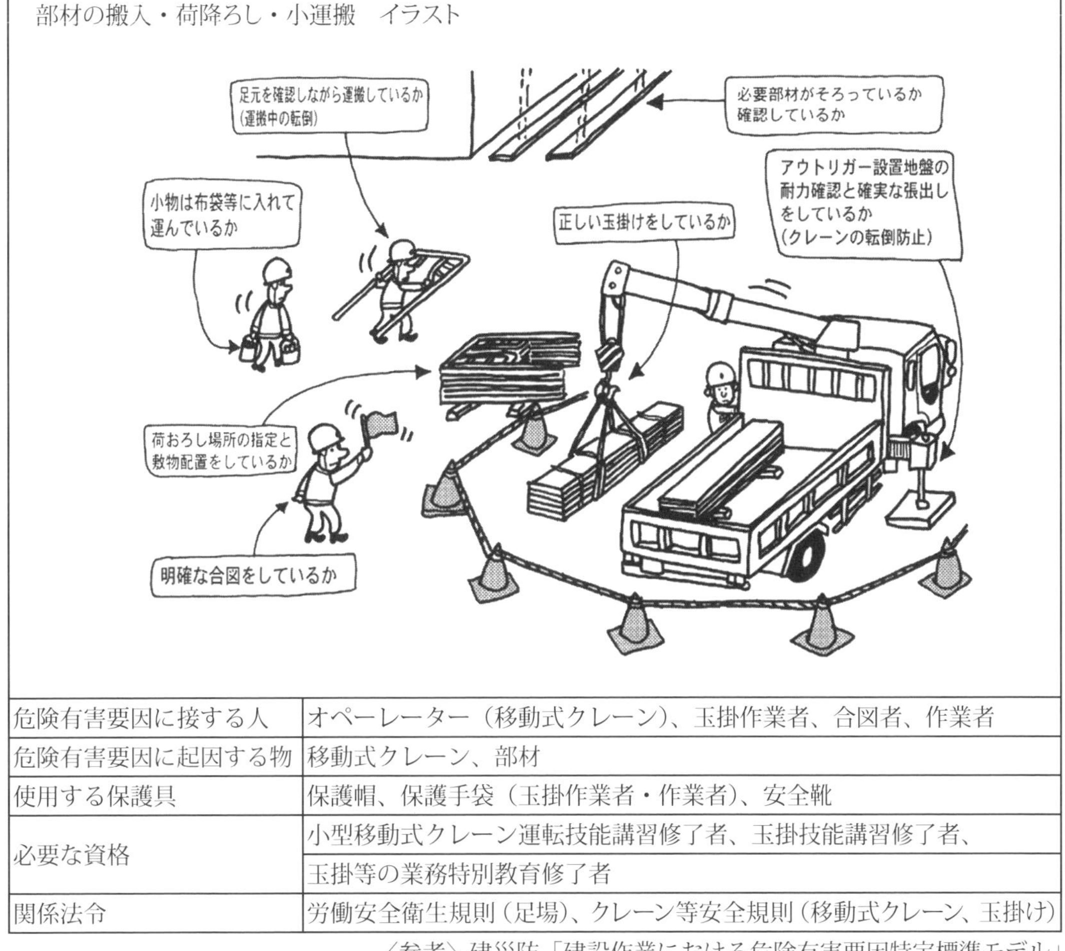

危険有害要因に接する人	オペーレーター（移動式クレーン）、玉掛作業者、合図者、作業者
危険有害要因に起因する物	移動式クレーン、部材
使用する保護具	保護帽、保護手袋（玉掛作業者・作業者）、安全靴
必要な資格	小型移動式クレーン運転技能講習修了者、玉掛技能講習修了者、
	玉掛等の業務特別教育修了者
関係法令	労働安全衛生規則（足場）、クレーン等安全規則（移動式クレーン、玉掛け）

〈参考〉建災防「建設作業における危険有害要因特定標準モデル」

④　作業手順書およびリスクアセスメントの効果

作業手順書およびリスクアセスメントを実施することで、下記の効果が期待できる。

a．作業方法や作業で発生する危険性または有害性を早く・正確に教えることができる。

b．作業の把握ができ、作業に合った危険予知活動ができる。

c．作業指示や安全ミーティングを重点的に実施できる。

d．当該作業に従事する作業員全員が参画し、作成されたものだから無理なく実行できる。

e．作業員の適正配置がやりやすい。

f．作業のムリ・ムダ・ムラが省ける。

⑤　リスクアセスメントを取り入れた作業手順書の留意点

作成した作業手順書やリスクアセスメントは、関係作業員に周知徹底し現場で実践できることが重要であり、作業手順書等の活用に当たっては次の点に留意する。

a．関係作業員に対して作業手順およびリスクアセスメントの教育。

b．作業の手戻りや不具合が生じた時には、手順書の見直しと改善。

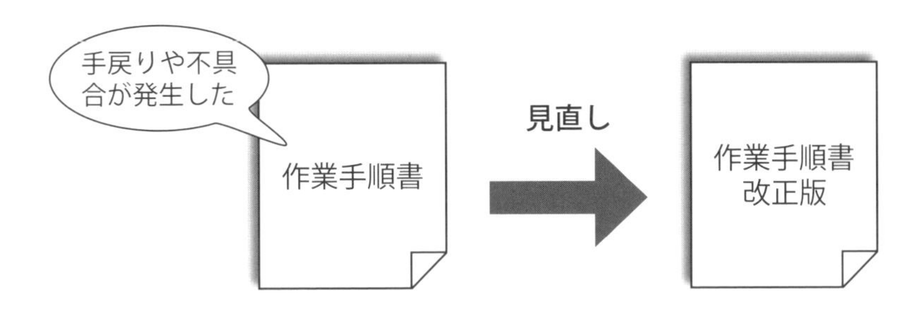

c．作業中に労働災害やヒヤリハットが発生した場合、原因となった危険または有害要因に対し評価・対策を立て改善する。

d．作業手順書およびリスクアセスメントは、定期的に見直す。

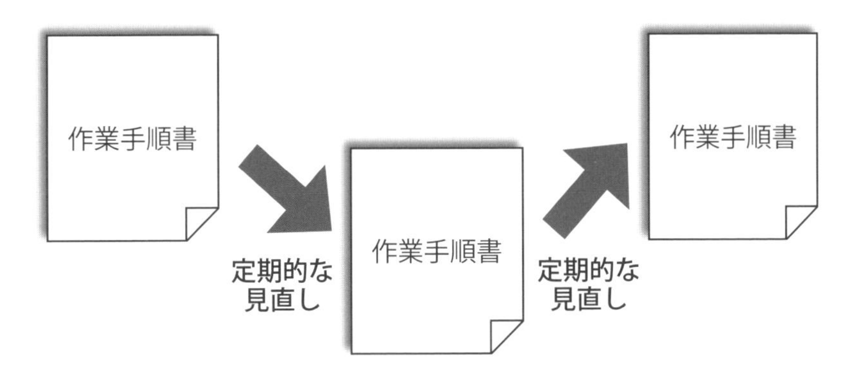

作業手順書等の活用では、多くの危険源の洗出しにつながるため、作業手順をいかに細分化して、危険源を見つけ出すことが重要である。

また、同じ手順の繰返しでも、場所や高さなどによっても重大性や可能性に違いがあるので注意する。例えば足場組立では、１段目や２段目の組立初めと、５段目６段目で墜落した場合の重篤度（重大性）が違い、よって取るべき対策に違いが出る。

（３）リスクアセスメントを取り入れた危険予知活動

①　危険予知活動とリスクアセスメントの目的

現場で毎日実施されている危険予知活動は、労働災害の発生原因を先取りし、現場や作業に潜む危険性または有害性を自主的に発見し、その除去・低減対策を立て、一人ひとりが危険に対する感受性や集中力そして問題解決力を高める活動で、作業員の不安全行動に対する労働災害防止のため欠かせないものである。

危険予知活動とリスクアセスメントの目的は、『潜在する危険性または有害性を作業開始前に予測し、その内容に対して除去・低減対策を検討実施して作業を行う』ことにあるから類似的な活動といえるだろう。

②　危険予知活動とリスクアセスメントの比較

危険予知活動は前述のように、危険性または有害性の予防と安全を進めるための手法である。

危険予知活動とリスクアセスメントのプロセスを比較対照すると下表の通りで、危険予知活動の確実な実施には、リスクアセスメント的な要素が多分にあるといえるだろう。

危険予知活動	リスクアセスメント
1ラウンド：どんな危険が潜んでいるか	ステップ１：危険性または有害性の洗出し
2ラウンド：これが危険のポイントだ	ステップ２：リスクの見積りおよび評価
3ラウンド：あなたならどうする	ステップ３：リスクの除去・低減策の検討・実施
4ラウンド：私たちはこうする	

③　リスクアセスメントを応用した危険予知活動日報

職長・安全衛生責任者は、実施した危険予知活動を日報に記入して元請会社に提出する。

なお、危険予知活動日報は、元請会社が指定する用紙がある場合にはそれを使用し、それ以外の場合には自社の用紙に記入し元請会社に提出する。

4ラウンドＫＹとリスクアセスメントの一体化例

<table>
<tr><td colspan="2">職長の作業指示：今日は、４～６段目の外部足場の組立を行う
：上部作業は、△△君と○○君で行って下さい
：下回りは、□□君と◇◇君で足場材を運んで下さい
：本日の作業主任者は、正が私で副が○○君です</td></tr>
<tr><td>ステップ１：
危険性または有害性の洗出し

</td><td>◆これからＫＹを行います
職　長：○○君、上部組立作業はどんな危険がありますか
○○君：足場上で足場材を運搬中バランスを崩して墜落する
職　長：△△君、上部で足場材を受け取る時どんな危険がありますか
△△君：資材を受け取りそこねて足場材を落とす
職　長：□□君、足場材を運搬中どんな危険がありますか
□□君：足場材につまづいて転倒する
職　長：◇◇君、足場材が落下した場合どんな危険がありますか
◇◇君：他の作業員にぶつかる可能性がある</td></tr>
<tr><td>ステップ２：
リスクの見積りおよび評価

</td><td>◆ステップ１での危険性についての頻度と重大性について評価する
職　長：以上４項目の危険性のうち、発生する可能性の多いのはどれですか
（多数決で決める）
職　長：以上４項目の危険性のうち、重大災害に繋がるのはどれですか
（多数決で決める）
職　長：評価の結果、○○君の『足場上で足場材を運搬中バランスを崩して墜落する』が、今日の大きな危険性に決まりました</td></tr>
<tr><td>ステップ３：
リスクの除去・低減策の検討・実施</td><td>◆大きな危険性に対して対策の検討を行う
職　長：○○君、どのような対策をとりますか
○○君：親綱を張り安全帯を使用して作業を行います
職　長：それでは今日は『最初に親綱を張り安全帯を使用』して、作業を行って下さい</td></tr>
<tr><td>ワンポイント</td><td>『親綱の先行設置ヨシ！』</td></tr>
</table>

危険予知活動日報（例）

<table>
<tr><td>本日の作業内容</td><td colspan="6">４～６段目の外部足場の組立</td></tr>
<tr><td rowspan="3">点検
作業現地で作業場所の機械・設備を指差し唱和でチェックする</td><td>1</td><td>親綱の設置確認</td><td>4</td><td colspan="3"></td></tr>
<tr><td>2</td><td>資材の整頓</td><td>5</td><td colspan="3"></td></tr>
<tr><td>3</td><td>立入禁止措置確認</td><td>6</td><td colspan="3"></td></tr>
<tr><td rowspan="6">１ラウンド
危険のポイント

（作業手順の主なステップから洗い出し、評価する）</td><td colspan="3">予測される危険性</td><td>可能性</td><td>重大性</td><td>評価</td></tr>
<tr><td>1</td><td colspan="2">足場上で足場材を運搬中バランスを崩して墜落する</td><td>2</td><td>3</td><td>6</td></tr>
<tr><td>2</td><td colspan="2">資材を受け取りそこねて足場材を落とす</td><td>2</td><td>2</td><td>4</td></tr>
<tr><td>3</td><td colspan="2">足場材につまずいて転倒する</td><td>1</td><td>2</td><td>2</td></tr>
<tr><td>4</td><td colspan="2">落下物が他の作業員にぶつかる</td><td>1</td><td>3</td><td>3</td></tr>
<tr><td>5</td><td colspan="2"></td><td></td><td></td><td></td></tr>
<tr><td rowspan="6">２ラウンド
本日の行動目標

（作業手順の急所を活用した対策を立てる）</td><td colspan="4">リスクの除去・低減対策</td><td colspan="2">確認</td></tr>
<tr><td>1</td><td colspan="3">親綱を張り安全帯を使用して作業を行う</td><td colspan="2"></td></tr>
<tr><td>2</td><td colspan="3">声を掛け合う</td><td colspan="2"></td></tr>
<tr><td>3</td><td colspan="3">足元の整理を行う</td><td colspan="2"></td></tr>
<tr><td>4</td><td colspan="3">立入禁止措置を行う</td><td colspan="2"></td></tr>
<tr><td>5</td><td colspan="3"></td><td colspan="2"></td></tr>
<tr><td>ワンポイント</td><td colspan="6">「親綱の先行設置ヨシ！」</td></tr>
<tr><td>会社名</td><td>職長名</td><td></td><td>本作業に従事する全従業員</td><td colspan="3"></td></tr>
</table>

第4章
職長が行うヒューマンエラー防止活動

この章では、繰り返し発生するヒューマンエラーに起因する労働災害の防止に向けて、人間の行動特性（不注意・近道行為など）を分析した上で、作業員の皆さんへの働きかけ（意識づけ）のやり方などを具体的に記載しています。

4-1 人間の行動特性の分析

災害発生時に原因を分析する際、ヒューマンエラーによるものが多く見られる。

災害を防止する上で、このヒューマンエラーを理解し、人間の特性を考慮した対策を立てる必要がある。「原因が人間の特性だから」と、諦めていては再発防止にはならない。

なぜこの「特性」が起きたのか、その背後にある要因を分析し、追求することが肝要で、絶え間ない教育と意識づけが必要であろう。

（1）ヒューマンファクター（人間の行動特性）

まずは、ヒューマンファクターについておさらいをしてみよう。

ヒューマンファクター（人間の行動特性）とは、主に『不注意』、『錯覚』、『近道』、『省略』の4つに代表されるといわれている。

不注意	注意が不注意に変動したとき、危険な作業や状態と重なり合ったとき、事故や災害が発生する。
錯　覚	例えば、同じ長さの垂直線と水平線の長さを比べたときに起きる、長さが違って見える視覚からくる錯覚現象のことをいう。
近　道	横断歩道や安全作業通路があるのに禁止されている近道を横断したり、道路外を通ることをいう。
省　略	決められた仕事・作業等の手順を省いて仕事をすることをいう。

その他には次のような行動特性などがある。

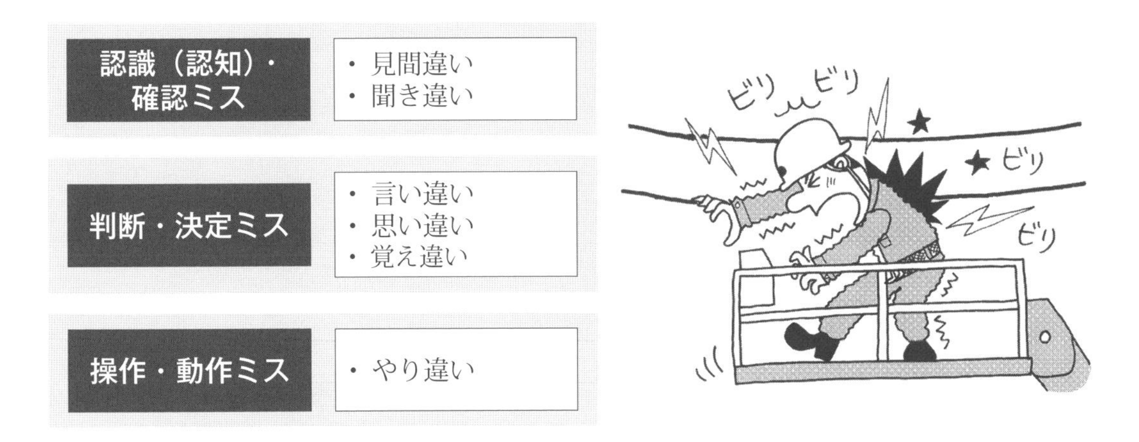

（2）ミスや不注意の要因

それでは、どんな時に行動特性のミスや不注意が発生するのかを考えてみよう。

①　外的要因

ミスや不注意を起こしやすい環境側の要因として、次の例があげられる。

a．事物、事象があいまいなとき

b．事物、事象は明確でも、似た掲示用のものが並んでいたり、錯誤しやすい状況にあるとき

c．作業が切迫しているとき

d．作業が単調すぎるとき

e．作業が複雑すぎるとき

f．作業場の雰囲気がルーズなとき

g．邪魔が入ったとき

h．平常のときと環境が変わったとき

②　内的要因

ミスや不注意を生じさせやすい人間側の要因として、次の例があげられる。

ａ．何か強い欲望があるとき

ｂ．感情がたかぶっているとき

ｃ．過去の経験から推測してしまうとき

ｄ．病気、疲労、酩酊、心配、焦燥というような心身の異常状態のとき

ｅ．不慣れ、未経験、知識不足などのとき

ｆ．何か強い関心を引くものが別にあるとき

ｇ．いい加減な判断で甘くみたとき

ｈ．注意力の低下、限界、そして忘れたとき（心配ごとがある。）

ｉ．良くない人間関係にあるとき

4-2 ヒューマンエラーは防止できる

「ヒューマンエラーは防止できる？」「そりゃ無理だよ！」「なに言ってんだ！」と思う方が多いのではないだろうか。しかし、そこで立ち止まっていては災害はなくならない。

次にあげることが少しでも、ヒューマンエラーを理解し、人（教育・指導）・もの（設備）・管理（監督・仕事の仕方の改善）に参考になればと考える。

（1）労働災害の４つの状態

厚生労働省は平成 23 年に建設業の労働災害の分析を実施している。その中で、休業 4 日以上の労働災害（建設業）の死傷者数 22,675 名の内 16,727 名の不安全状態と不安全行動の面から分析したデータがある。

不安全状態と不安全行動の組み合わせ分析

①不安全状態と不安全行動の組み合わせ	16,420 名	98.2%
②不安全状態のみ	176 名	1.0%
③不安全行動のみ	53 名	0.3%
④どちらでもないもの（不可抗力か？）	78 名	0.5%

労働災害統計「労働災害原因要素の分析（平成 23 年度 建設業）」より

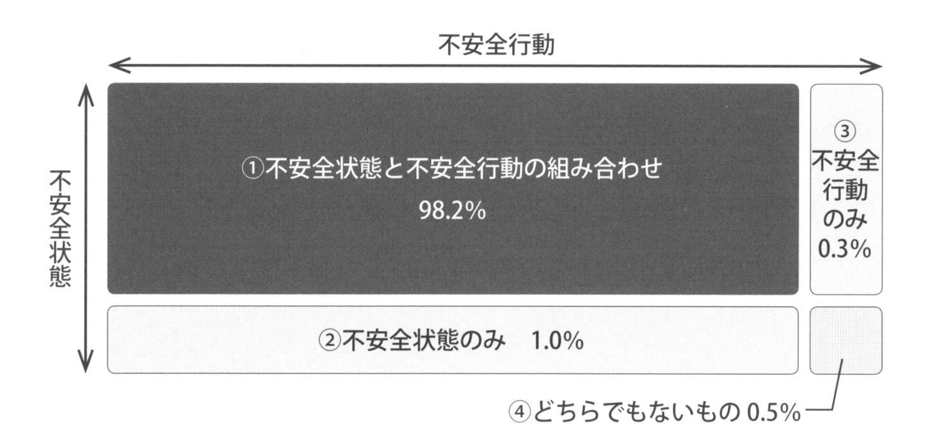

前記の分析結果から、安全設備をきちんと設置して、不安全状態をなくし、不安全行動をなくせば、ほとんどの災害が防げることが考えられる。

（2）作業員への働きかけ（意識づけ）

意識づけのポイントをいくつかあげてみよう。

①　良い人間関係づくりがすべての出発点

・あいさつは、良い人間関係作りの基本

同僚や他職、元請へ、まず職長から先にあいさつをし、コミュニケーションの醸成を図る。

「言ったはず」と「聞いてない」（指示したつもり）、「言わなくてもこのくらい分かるだろう」と「言われなきゃ、分からない」、これらのコミュニケーションギャップがある限り、ルールは守られない。

②　職場安全活動への意欲を高めるために

・人間の行動特性を説明し、理解させる

主に「不注意」・「錯覚」・「近道行動」・「省略行動」の４つの行動特性がある。

・やる気を高める

災害防止は誰のために行うものなのか

「自分のため」・「家族のため」・「同僚のため」

- **相手の気持ちに配慮する**

  注意する際に、理由や言葉づかいなどに配慮する。

- **仕事は報告して終わることを習慣づける**

  a．設備、機械の状態はどうだったか

  b．改善すべき設備はなかったか、不便はなかったか

  c．作業手順は、現場に合っていたか、やりにくくはなかったか

  d．ケガやヒヤリ・ハットはなかったか

③　個々の人の安全意識を高めるために

- **安全最優先を毎日の言動で示す**
- **指示されたことは目的をはっきりさせ正しく伝達する**
- **ルールの実践には妥協はしない**
- **互いに不安全行動は見逃さない**

④　不安全行動の代償は大きい

- **「不安全行動の代償は大きい」ことを意識づける**

  災害を起こしてしまったときの影響を常に頭に入れ、近道行動などに対する自制心を持つ。

近道行動、省略行動の代償は大きい
だれもケガをしようとしているわけではない。しかし「俺は大丈夫だ」というおごり、一瞬の迷いが、**不安全行動**で一度しかない人生を台無しに。

ケガをして自分が痛い思いをするだけでは済まされない！

・上司が責任を問われる
・送検される

会社が罰せられる

会社でのケガというのは、それだけ厳しいことである

⑤　相互啓発型安全管理の実践

現場の安全管理の状態には、さまざまなパターンがあると思われるが、次に代表的なものをあげてみよう。

	反応型	依存型	独立型	相互啓発型
特　徴	事故災害が起こって初めて行動する	安全基準はあるし、指示したからちゃんと守るだろう	作業員が自主的に安全活動に参加している	お互いに注意し合い素直に受け入れる
職　長	とりあえず法律を守っていれば十分。災害が起きたら運が悪い(被災者のせい)	災害は起こるか起こらないかわからない。とりあえず我々の指示を守ってくれるだろうから災害は防げる	安全活動の主体は作業員、職長はコーチ役に徹するが、全体に関わるものについては、職長が積極的に取り上げる	作業員が行っている安全で良い方法を褒め、良いことは水平展開する
作業員	自分だけはケガをしない	安全基準などに問題はありそうだが、今まで災害が発生していないからまぁいいか	安全基準や作業手順の作成・改訂に積極的に参加。安全作業について積極的な議論を行っている	安全基準の策定や作業手順書の作成・改訂にも積極的に参加する。同僚らの指摘も素直に受け入れる
不安全状態	是正無し	誰かが直すだろう	自分に関係あるところだけ直す	積極的に進言し直す
不安全行動	是正無し	誰かが注意するだろう	自分だけはしないようにする	自分だけでなく同僚とお互いに注意し合う

ヒューマンエラーによる災害防止を目的に、相互啓発型の安全管理状態を目標とし、積極的な取組みを推進しよう。

（3）それでも人間は必ずエラーを犯す

それでも人間は必ずエラーを犯すことを忘れてはいけない。

無意識のエラーではなく、危険を認識した上であえて行動することがある。

例えば、通勤電車では「駆け込み乗車は危険ですからお止め下さい」の放送があっても、閉まりかけたドアに突進するという行動をよく見かける。

「安全人間」と言われているような、いつもは注意深い人も「時間がない」「気があせっている」「ムシャクシャしている」などのときは、いつもと違う判断をしてしまうことがある。

みなさんの中にも心当たりのある方が多いのではないだろうか。

野球でいえば好走塁と暴走で、それを分けるのは「セーフ」か「アウト」の結果論である。

これが個人の小さな影響で済む場合は小言程度ですまされるであろうが、他人の命を預かる、運転手やわれわれ建設業に携わる人が行うと、その行動がアウトの場合は大変な災害につながっていくだろう。

問題は、なぜそのような行動を起こすのか（判断を誤るか）というところにある。

判断を狂わせる理由を考えてみると、

① リスクが主観的に小さい場合（このくらいでは、ケガをしない）

② 成功した時の利益が大きい場合（時間を稼げる、費用を節約できるなど）

③ リスクを回避するデメリットが大きい場合（費用がかさむ、時間がかかるなど）

の３項目があるだろう。どれも、よく理解できる心情ではないだろうか。

しかし、理解できるだけでは問題の解決にならない。では、どうすれば良いか。「ちょっと待てよ」と考えること。これが安全のポイント（分かれ道）である。

「ちょっと待てよ」が期待できる方法
大切な人の顔を少しでも思い受かべると良い
奥さん　子供　孫　両親　恋人 etc

（4）ルールを守らない・守れない理由

職場にはルール（法を含めた）がある。このルールの多くは、過去の災害や痛い経験により作られている。

しかし、その痛い目にあって決められたルールがなぜ守れないのだろうか。主に次の理由があげられる。

① ルールを理解していない

② ルールに納得していない

③ 決めた内容に無理がある

④ 他人が守っていない

⑤ 安全上も規則に違反することを罪悪と感じていない

⑥ 違反が罰せられない

守らない・守れない理由はいろいろあるだろうが、一番の理由は「本人が納得していないこと」ではないだろうか。特に未熟な初心者にとって、痛い経験をしたことがなく、ルールの内容が他人事のように思われがちである。

本人が納得するまで理由を何度も話し合うことが必要となるだろう。

人間は本来、ミスをする、忘れる、省略する動物である。

他の動物と違うのは、知恵があるため本能的に「楽をするため省略しよう」と思う。時として、その欲求が発明・発見や効率化につながる場合があるが、大きな事故・災害を発生させることにもなる。

「注意しよう」と思っても、その緊張状態を保てるのは「10分か15分が限界」とも言われている。作業に集中すればするほど、自分の周りが見えなくなって来る。

すべてのことに対し、管理が行き届かないのが現状であり、ヒューマンエラーを無くす努力を絶えず行っていかなければならないが、作業員は誤りを犯すことを前提とした安全管理が必要ではないだろうか。

（5）リスクの排除

工事の計画段階から参画できる場合には、下記のリスクの排除方法を元請と検討しよう。

第一段階　本質的安全計画によるリスクの排除

労働災害の削減には、作業員は誤りを犯すことを前提として、仮にこれらが発生しても作業員の安全が確保される、または大幅にリスクを低減出来る工法や作業方法、使用材料の無害化を検討する。

【第一段階】ほぼリスクを排除

○　工法・施工方法の改善
- 高所作業（２ｍ以上の作業）を少なくする方法。
  - ①　鉄骨の工場加工または地組み
  - ②　配管、電気設備のユニット化
  - ③　耐火被覆、塗装などの地上施工
- 可燃性ガス発生土のポンプ圧送排土方式の採用（輸送中の坑内ガス発生の防止）

○　使用材料の改善
- 有害な資材の使用を無くす（減らす）取り組み。
  - ①　有機溶剤使用塗料から水性塗料使用への変更
  - ②　加熱アスファルト防水からシート防水への変更

第二段階　設備・装置による安全確保

それでも残るリスクに対して、リスクの大きさに対応した安全装置、保護装置、防護柵等の設備により安全確保を行う。

【第二段階】設備等で大幅にリスクを低減

○　機械などの改善

エラーがあっても安全が確保される

①　感電防止用漏電遮断装置の使用

②　クレーンの過負荷防止リミッターの装備

③　エレベータシャッターゲートのリミットスイッチの装備

○　重機工事・クレーン作業の危険

①　作業区域の立入禁止柵の設置

②　誤作動防止のレバーロック装置の装備

○　墜落の危険

①　足場の墜落防止柵（手摺など）の設置

②　躯体と足場の層間塞ぎ、層間ネットの設置

③　開口部墜落防止柵、蓋、覆いの設置

④　はしご設備にセルフロックの配置

○　その他の危険

①　ベルコンの緊急停止装置の装備

②　シールドマシンの防爆仕様・エアカーテン装置の設置

③　レールストッパー設置による逸走防止

第三段階　リスク情報による安全確保

第一段階、第二段階の手段を講じることが困難な場合、または講じてもリスクが残る場合に対しては安全指示、作業手順、ルール、ハザードマップ、表示などにより、作業員にリスク情報を与え、それらを守ることによってリスク回避を行う。

また、指示伝達された事項をより確実に実行させるための教育・訓練、巡視・監視を行う。

情報自体では、リスクを低減する手段とならない。この情報が安全対策として効果を発揮するには、正しい理解と実践が前提となる。そのためには、教育・指導の強化を図り、巡視・監視により確実なものにする。

【第三段階】作業手順・ルール・表示・警報・指示等により作業行動を規制し、守ることでリスクを低減

○　重機工事・クレーン作業の危険（表示・警報）

①　重機旋回時、移動時の周囲確認の指導

②　カラーコーンで立入禁止区域の表示

③　ユニックの過巻警報装置・重機のバックセンサーの装備

④　立入禁止のレーザーバリアの設置

○　墜落災害防止（教育・指示・指導）

①　セルフロックの使用

②　２丁掛け安全帯・フルハーネス型安全帯の使用

③　一時取り外しルールの運用による設備不良の排除

④　安全帯使用箇所の表示

○　公衆交通関連

①　ハザードマップを作成し、運転者教育の実施

②　出入口に回転灯、カーブミラーの設置

○　共通

①　作業手順による安全確保

②　注意喚起看板の表示

③　音声注意喚起装置の設置

④　保護具の使用による安全確保

（6）下請の立場で出来る安全化

まずは、ヒューマンエラーを誘わない使いやすい設備による安全化が必要である。その上で、さらに作業員の作業中の監督・指導を強化し、不安全行動をくい止めるしかない。もし、職長であるあなたが、少しでも多く監督指導ができれば、ひとつでも多くの災害を防ぐことができるだろう。

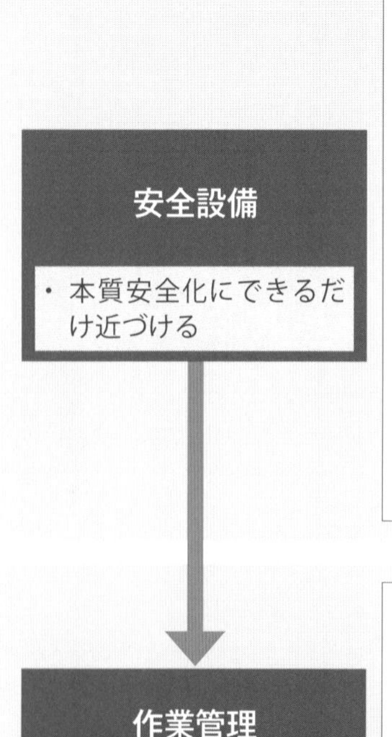

安全設備

・本質安全化にできるだけ近づける

まずは、作業方法に合った「安全に、働きやすい設備（環境）」を整える。
- 不安全行動を誘発しない設備
- 少しの不安全行動があったとしても、災害につながらない設備や装置を採用する

設備や装置による安全確保は、点検や維持管理がポイント

作業管理

・計画　・打合せ
・作業手順　・安全指示
・ＫＹ活動　・巡視、点検

次に、計画した安全な作業方法が確実に実施されるよう管理を徹底する（管理のＰＤＣＡを回す）。
- 不安全行動をしなくてもすむ効率的で安全な作業方法

手順や打ち合せた内容を確実に伝わるようにし、現地確認することがポイント

教育・指導

・日常の教育・集合教育
・作業中の監督、指導

そして「それでも起こすヒューマンエラー」を職長による作業監視・指導でくい止める。
・継続的な教育　・根気強い指導

人はエラーを起こすもの。教育や指示・指導したことから逸脱したときに、すぐに安全な状態に戻してあげられるように、見てあげること（監視指導）の付加がポイント

第5章
職長としての悩み・困ったことを解決した優良事例

この章では、職長が抱えている様々な悩み・困ったことを整理し、それらを解決した優良事例を紹介しています。それぞれの現場で参考にしてください。

5-1 職長としての悩み・困ったこと

職長は、元請と店社・作業員の間に立ち、仕事を効率良く、しかも安全に良いものづくりを行っていく過程の中で、いろいろな問題を解決していかなければならない。

また、組織面からは、店社からの指示を受け、配下の作業員へ指示を伝達し、現場の進捗に応じた作業管理を行っていく必要がある。このように、板挟みになりがちな立場にいる職長の悩みは多いはずである。

ここで、職長の主な悩みを区分および原因別に分析したものを紹介しよう。

＜職長教育の中でグループ討議を行い集計した、職長が抱えている主な悩み＞

※悩みの対象：「事業者・作業員」、「資材・機械器具」、「環境」、「元請」の４つに分類
※悩みの原因：「ヒューマンエラー」、「コミュニケーション」、「要員・力量不足」、「手順に関すること」、「資材・機械機器・設備」の５つに分類

	悩みの対象	具体的な悩み	悩みの原因
1	事業者・作業員	服装・保護具について徹底できない	C：要員・力量不足
2	事業者・作業員	無資格者の就業がある	C：要員・力量不足 A：ヒューマンエラー
3	事業者・作業員	技能について格差が生じている	C：要員・力量不足
4	事業者・作業員	安全器具等の使用が不徹底である	D：手順に関すること
5	事業者・作業員	他職種との連絡の不徹底	B：コミュニケーション
6	事業者・作業員	作業間のミーティングを欠席	B：コミュニケーション
7	事業者・作業員	作業用具を大切にしない	C：要員・力量不足
8	事業者・作業員	作業手順を守らず、近道行為をする	A：ヒューマンエラー
9	事業者・作業員	危険の意識が薄い	A：ヒューマンエラー
10	事業者・作業員	思い込み、勘違いの行動が多い	A：ヒューマンエラー
11	資材・機械器具	不良品がある	E：資材、機械機器・設備
12	資材・機械器具	目的以外に使用することがある	D：手順に関すること
13	資材・機械器具	禁止されたものが使用されている	A：ヒューマンエラー D：手順に関すること
14	資材・機械器具	事故対策の保険が掛けられていない	E：資材、機械機器・設備
15	資材・機械器具	無資格者による使用が多い	C：要員・力量不足
16	資材・機械器具	指定された場所に置かれていない	D：手順に関すること
17	資材・機械器具	不用材の放置	D：手順に関すること
18	資材・機械器具	車両系建設機械の作業開始前点検がされていない	D：手順に関すること
19	資材・機械器具	規格違いが多い	E：資材、機械機器・設備
20	環　境	天候による工程の遅れがでる	E：資材、機械機器・設備
21	環　境	時間外、休日作業が多い	B：コミュニケーション
22	環　境	資材搬入等について制限されている	D：手順に関すること
23	環　境	廃棄物の仕分けの不徹底	C：要員・力量不足
24	環　境	トイレが不衛生	D：手順に関すること
25	環　境	騒音に対する苦情が多い	B：コミュニケーション
26	環　境	駐車場が確保されていない	E：資材、機械機器・設備
27	環　境	整理整頓がされていない	C：要員・力量不足
28	元　請	元請・下請間での連絡が十分でない	B：コミュニケーション

29	元　請	元請の担当職員の知識不足	C：要員・力量不足
30	元　請	重層下請の作業員の把握がされていない	B：コミュニケーション
31	元　請	中途入場者への新規入場者教育が行われていない	B：コミュニケーション D：手順に関すること
32	元　請	口頭での作業指示が多い	C：要員・力量不足
33	元　請	作業順序への認識不足	C：要員・力量不足 D：手順に関すること

<集計の分析>

○　悩みの対象

自分の会社や部下が最も多く、道具や機械に関するもの、工程などの環境、元請に関する悩みの順となっている。

○　悩みの原因

手順に関するものおよび部下や元請等に対する力量不足の両方で半数を超え、続いてコミュニケーション不足、部下等のヒューマンエラーの順となっている。

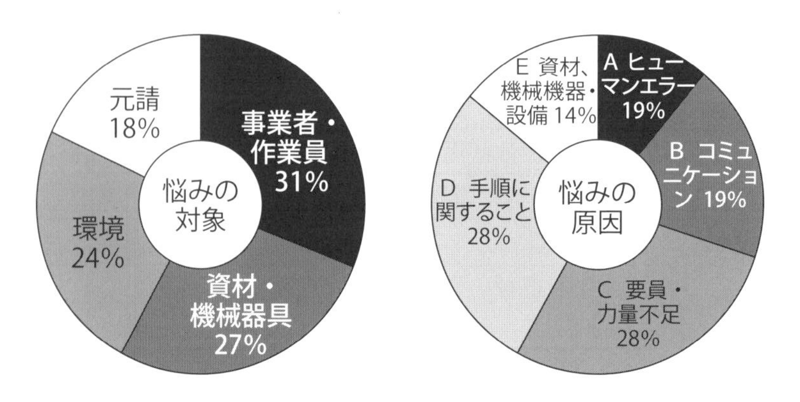

これらの悩みを解決するには、職長は今抱えている悩みの原因と対象を見つめ直し、その悩みを解決する方法を見つけ出さなければならない。

（1）事業者・作業員関連の悩み

①　服装・保護具について徹底できない

作業服にボタンがかかっていない、上着の裾がズボンの外に出て、突起物に引っかかりやすくなっている、保護帽のあごひもをしめていない、解体現場でスニーカーをはいているなど、職長が注意してもなかなか直らないことがある。

服装や保護具の装着にはいろいろなルールがあり、これを守らせるためには、ただ単に「ルールだから守れ」ではうまくいかない。ケガから身を守るためには、そのルールの理由を示し、正しい服装、適切な保護具が不可欠であることをしっかり教えなければならない。

②　資格の管理ができていない

職長は、配下の作業員の持っている資格の種類と、その資格で何ができるのかを事前に把握しておくことが基本である。そして、作業内容に対して必要な資格を把握しておかなければならない。

その場になって資格者がいないとか、配置に無理が出た場合には工事が止まり、段取りの変更など大きな問題となる。そのため、職長は月間工程表や週間工程表を見て、作業に必要な資格や人員を読み取り、協力会社店社と連絡を取り、人員と資格に過不足が生じないようしっかり段取りをしなければならない。

災害事例　無資格者がクレーンを操作し転倒

整地作業を行っていたところ、鉄板が邪魔になったため、他にクレーンがあったが自分でやった方が早いと考え、そばにあったクレーン機能付き油圧ショベルで鉄板を吊って旋回したところ、過荷重のため転倒し被災した。

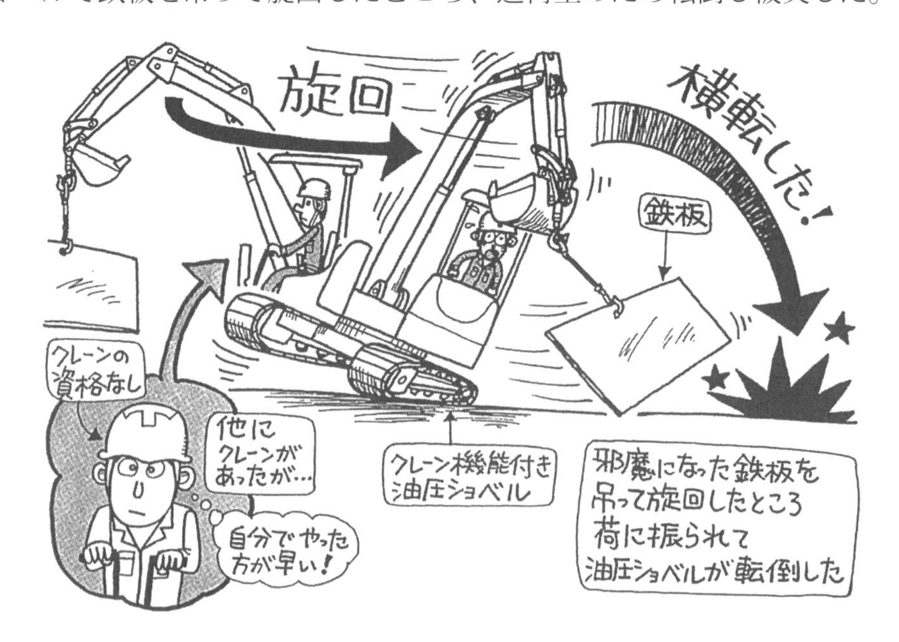

【原因】

① クレーンの資格のない作業員が操作を行った。

② 鉄板の移動について、事前に検討されていなかった。

③ 過荷重の状態であった。

④ 設置場所に勾配がついていた。

【対策】

① 作業内容に応じた有資格者の配置を行う。腕章やヘルバンド、安全チョッキ等による資格の見える化を行う。

② クレーンの能力を把握して、揚重を計画する。

③ クレーンは平らな場所に設置する。

③　技能について格差が生じている

技能の低い作業員には訓練や講習を受けさせなければならないが、日々の作業の中で工夫をするとすれば、一例として、技能の高いベテラン作業員と技能の低い作業員とでパートナーを組み、一緒に仕事をして覚えてもらうことで、作業を通じて学ぶことができる。

④　安全装置等（例：親綱・安全ブロック）の使用が徹底できない

安全装置等の使用ルールについて、小冊子などをテキストとした勉強会を定期的に開いたり、災害事例等を題材にして安全装置等の必要性を教えたりするなど、配下の作業員に理解・納得してもらうことが重要である。

⑤　他職との連絡の不徹底

作業間の連絡調整会議などは全体の作業調整が主に行われ、個別の調整の時間までは取れない場合がある。そのときは、同じ工区や同じ階で作業を行う職長と休憩時間などにミーティングを行い、調整する時間を確保する必要がある。この調整等の結果は元請へ報告することを忘れないようにする。

また、やむを得ず連絡調整会議に出席できないときは、必ず代理出席をたてる。代理がいない場合は、連絡調整会議の前後に必要な要望や確認事項について元請の担当者と打合せを行う。

⑥　作業手順を知らない、省略行為をする（例：安全帯を使用しない）

作業員が作業手順を知らないということは、職長の責任が大きい。作業手順は周知会などで全員の理解を得なければならない。作業手順が文字ばかりで分かりづらいという場合は、写真やイラストを加えたりすると理解しやすくなる。

また、意図的に楽をするために省略行為をする場合は、その危険性をよく理解してもらう。また、一声かけ運動も有効である。不安全行動をしていなくても声を掛けられた側は意識的に見られていると感じ、不安全行動にもブレーキがかかる。

⑦　危険の意識が薄い

災害が起きたときに誰に迷惑がかかるか、仲間の意識はどうなるのか、いろいろ話し合ってみよう。災害事例のビデオなどを見せて、意見を言ってもらうのも危険意識の醸成に効果がある。

また、安全意識が高い作業員に対して職長会が表彰する制度や、一声かけ運動も有効である。

⑧　思い込み、勘違いの行動が多い

作業指示は口頭ではなく、図や絵などに寸法を入れて具体的に指示をする。繰り返し作業や似かよった作業がある場合は、イレギュラーな部分について、事前にどこが違っているか把握しておくことが必要である。

（2）資材・機械器具関連の悩み

①　不要材の放置

ひと作業、ひと片付けを励行しよう。他業者が置いたものが邪魔になるときは、元請に連絡して指導してもらう。また、職長会パトロールなどで、他職種の多くの目で不要材の放置や整理整頓などを指摘されることも改善につながる。

災害事例　**移動しようとした台車が横転**

被災者（シール工）は、台車に載ったガラスが作業の邪魔になったが、近くにガラス工がいなかったため、共同作業員と２人で移動させようとした。荷が重く無理に横に移動したため、バランスが崩れ台車ごとガラスを転倒させ、その際、ガラスが顔に当たり被災した。

台車に載った重量物を移動するにはコツがいるものであり、また、車輪や荷の下敷きになると骨折することがあるので、安易に手を出すのは危険である。

②　車両系建設機械の作業開始前点検がされていない

車両系建設機械の作業開始前点検は、運転者がブレーキ、クラッチ等の機能をその日の作業開始前に点検し、機械の異常や損傷を早く発見して是正しなければならない。職長は作業開始前点検を実施させる責務がある。

毎日の作業開始前点検が後回しになったり、おざなりにならないようにするため、一つの方法として、２人１組で行い、１人は点検簿を読み上げ、もう１人がチェックするという役割分担にして実施する方法もある。

5-2 悩み・困ったことを解決した優良事例

ここでは職長の悩みを解決した優良事例を紹介しよう。

（1）職長会活動の効果

様々な職長の悩みを総合的に解決する手段として、現場の職長達で組織する職長会の活動があげられる。

職長会を組織することで、作業所における各専門工事業者の職長間のコミュニケーションを円滑にし、相互理解と連帯感を向上させ、連絡および調整その他必要な事項を自主的に展開することで、元請の押しつけではなく、自らも安全衛生管理の推進役として労働災害の未然防止と快適な職場環境を形成することができる。

優良事例　①　職長会活動の充実

<table>
<tr><td>現状・問題点</td><td>元請側から指示したことは実施するが、あくまで受身であり、やらされている域を出ない。マンネリ化が進行していた。定期の安全パトロール時に指摘がなければ良いという安全一夜漬の感があった。
ヒヤリ・ハット事例や、パトロール指摘内容をとっても、一歩間違えば大事故につながりかねないものが複数見受けられ、長い工期を無事故・無災害で乗りきれる状況ではなかった。</td></tr>
<tr><td>取組み・改善内容</td><td>1．職長会活動の活性化に向けた取組み
（1）職長会の位置づけ
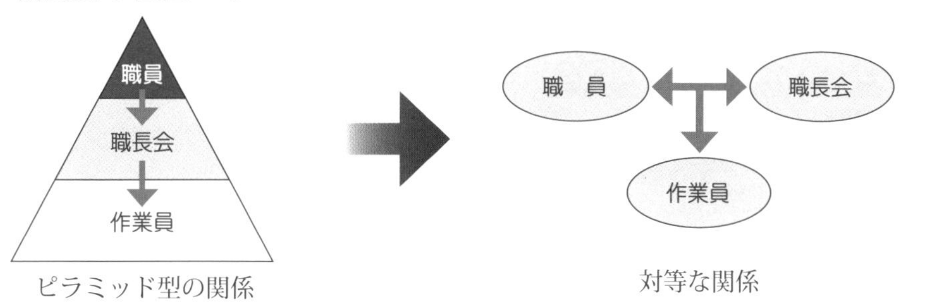
</td></tr>
</table>

取組み・改善内容

元請主導（ピラミッド型）から職員と対等な関係へ、時によってはリードするような立場で、互いに活動するパートナーとして、その関係を築くことが必要である。

（２）安全衛生表彰制度の採用

月に１回程度、職長会が選んだ現場のＭＶＰに対して、朝礼時に職長会会長名の表彰状等を授与して、安全に対する意識の高揚を図る。

（３）アイデア・提案制度を採用し、安全衛生委員会で選考する。

（４）役割分担ＫＹ、現地ＫＹ活動を充実させる。

役割分担ＫＹ
作業員一人ひとりの役割を決め、それに対して作業危険要因や対策を立て、ＫＹ活動を行う。

現地ＫＹ
現地にて、作業手順書を持参し、作業内容の随時見直しを行う。

(5) 朝礼時の有資格者の確認

作業内容と安全衛生指示事項の説明時、資格別のヘルバンドを付けた有資格者の名前を読み上げ、呼ばれた有資格者は手をあげて大きな返事をする。

返事をしてもらうことにより、有資格者の確認はもとより、役割への責任感と参加意識の高揚を図れる。

取組み・改善内容

(6) 職長会パトロール内容のグレードアップを図る。

① 職員の安全当番と合同で、職長会自主パトロールを実施し、お互いの工種に関係なく是正事項を見つけて、「職長会パトロール点検表」にまとめ、安全衛生会議等で発表する。

② 指摘内容の具体化を図る。
デジカメ使用、会社名公表、好事例も含めた掲示板への貼り出し等

(7) 各種安全教育を実施し、周知する。（玉掛・クレーン作業等）

(8) 安全衛生設備の充実による快適職場の構築
休憩所、花壇、換気、トイレ、エレベータ、安全通路、開口部　etc.

休憩所（オアシス）

場内の花壇管理

(9) フラワーポットの設置
職長会活動の一環としてフラワーポットを現場内外に設置した。作業員はもとより、近隣からも好評で「きれいですね」と“一声”かけてくれた。

(10) 献血
全国労働衛生週間の際、健康管理と社会貢献の両面から献血車を招き、多くの人たちに協力していただき、感謝状まで授与された。

(11) ソフトボール・焼肉大会・腕相撲大会
日頃あまり話をしたことがない人とも会話が弾み、全員の和をもって、大変な盛り上がりを見せた。

効果

2．職長会活動の活性化による効果

(1) 現場内におけるコミュニケーションアップ。

(2) 職長会パトロール指摘内容の変化。

① 重度なものから軽微なものへ：統計的には片付け関連の指摘が４分の３を占めた。

② 指摘件数の減少：法違反はほとんどゼロ。物損事故の際は必ず再教育

効果	し、重機損傷・接触事故が減少した。 (3) 事業主自らが店社パトロールに自主参加。災防協では遠慮のない積極的な発言が増加した。 (4) ヒヤリ・ハットの減少。無事故無災害記録の更新。一現場一工夫の多数考案 (5) くわえたばこ、ポイ捨ての皆無、清潔感の維持等、全員が現場を良くするという気持を持ち、連帯感と誇りの持てる現場が実現されている。 (6)「快適職場」として認定を受ける。

優良事例　② 職長会新聞の発行

現状・問題点	職長会活動はマンネリ化し形式的なものになってしまうことも多いが、当現場（広大な範囲にわたる長期現場）では、職長会活動が現場の安全管理上、非常に有効であると考え、活動を活発化させる手段の一つとして職長会新聞を発行した。
取組み・改善内容	1．年３回程度を目標として発行する。 2．職長会義で現場の状況に合わせたテーマを選定。 （企画開始から発行まで約１カ月を要した） 3．標語や安全宣言、アンケートといった全員参加型となるよう配慮。
効果	1．職長同士の連携が高まることで、協力会社間の連携も高まった。 2．横のつながりが良くなることにより、近接作業などが発生した場合の連絡調整がスムーズになった。 3．協力会社の安全当番による巡視結果も、会社の垣根を越えて遠慮なく指摘し合えるようになった。 4．一人ひとりの安全意識が向上していることが標語ひとつ読んでも汲み取れた。なんといっても配布した時の皆の笑顔はすばらしい。

(2) 一声かけ運動

災害・事故はちょっとした不安全行動や間違った行動・操作から発生することが多い。

このような不安全行動や間違った行動は、自分では注意していると思っても錯覚、勘違い、意識の中断などから起きるものであり、人間の特性でもある。

したがって、作業中の危ない行動や間違った行動をしたときに、お互いに注意し合って、声を掛け合いながら安全に作業する運動を展開し職場から不安全行動による災害・事故を防止することが「一声かけ運動」の目的である。

この運動の成否の基本は人間愛であり、暖かい気持ちと感謝の気持ちがなければならない。

建設現場で行われている「一声かけ運動」の活動については、次例のように1日の安全施工サイクルの中で様々なものがある。

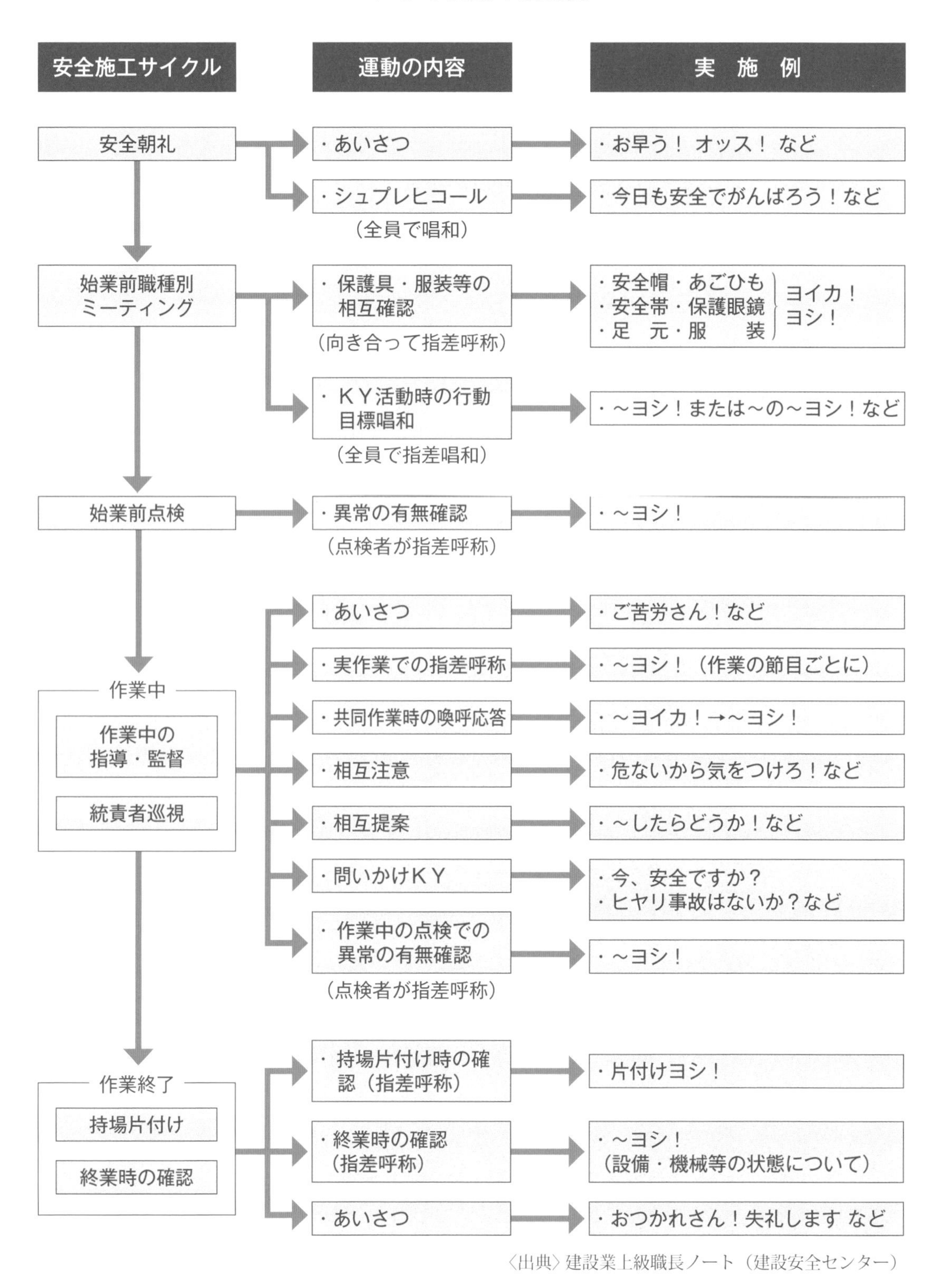

〈出典〉建設業上級職長ノート（建設安全センター）

このような活動の中で、効果を上げた優良事例を紹介しよう。

優良事例　「一声かけ隊」による安全巡視

現状・問題点	挨拶を含め、声を掛けようという意識がなかなか芽生えない状況下にあるが、事故の要因として最も多くあげられる不安全行動は、本人の意識はもとより、コミュニケーション不足によるものが大半を占めていることは、統計からも見逃せない事実である。 長時間にわたり、作業に集中し続けることが難しい中、それに対し、“一声かける”ことは事故を未然に防ぐための重要な要素だと考え、「一声かけ運動」を開始した。
取組み・改善内容	「一声かけ隊」を結成するにあたり、作業員全員の意識を高めるため、ヘルメットにステッカーを貼り、さらに、リーダー役として職長会の中から「隊長」「副隊長」を選出した。 朝礼時には元気に「今日も一日頑張ろう」など活力を与える一声と、互いに名前を呼び合う一声をかけ合い、職長会パトロール時には、できるだけ多くの作業員とコミュニケーションを図るために、互いに声かけしながら巡回した。その際は、ヘルメットに貼ってある名前を呼んで、積極的に“一声かける”ようにした。
効果	その結果、他業種間でも気兼ねなく会話できるようになり、安全設備の不備や不安全行動などを活発に指摘しあい、それを皆が「我が身」と思い真剣に受け止めることで、即対応、是正するようになった。また、社内外の安全パトロール時にも大変好評であった。 “一声かけ”が安全だけでなく、工程や品質にも影響し、改善することができた。  「一声かけ隊」現場パトロール  ヘルメットにステッカー

（３）安全な施工方法の提案（創意工夫・改善）

職長は部下である作業員の意見等を取り入れ、創意工夫を引き出すことが重要な職務の１つであるが、このことが作業員一人ひとりの安全意識の高揚ややる気を出すきっかけになる。

そのためには、まず職長が中心となって創意工夫を創造する雰囲気づくりをすることが大切である。安全日誌や自主点検等から出された問題点をもとに、作業員に問題意識を持たせ、解決のためのテーマを与え「どうしたらよいか」を考えさせ提案させるようにする。

創意工夫を引き出す具体的な方法として、提案制度、安全ミーティング、危険予知活動、ヒヤリ・ハット事例や災害事例の検討等が考えられる。

これらを状況に合わせて実施して、作業員の安全衛生管理活動への関心を高め、作業員が積極的に参加し興味を持てるように努めることが必要である。

このような方法で提案された一例を紹介する。

優良事例　①　色分けによる作業ヤード区分

これまでは安全通路と重機・クレーン作業ヤード等を同一色のカラーコーンで区分していたため、安全通路と作業ヤードの区分が識別しにくかった。

そのため、色彩効果を利用し、視覚による注意喚起を促すため、３色カラーコーンを使って作業ヤードを以下のように区分した。

①　青色コーン…安全通路
②　赤色コーン…重機、クレーンの作業半径内立入禁止区域
③　黄色コーン…資材置き場

【改善効果】

３色カラーコーンによる色彩効果で、安全区域、危険区域等を明確に識別することができ、安全かつ整然とした作業環境となった。

優良事例　②　エキスバンドメタルを用いた丁番付き開口部ふた

荷揚げ用開口部を合板等でふさいでいたが、外したふたを荷揚げ後に復旧する際、近くにふたがなく、開放状態のまま放置されることがあった。そのため、エキスパンドメタルに丁番金物をつけて、開閉式のふたとし、アンカー止めした。

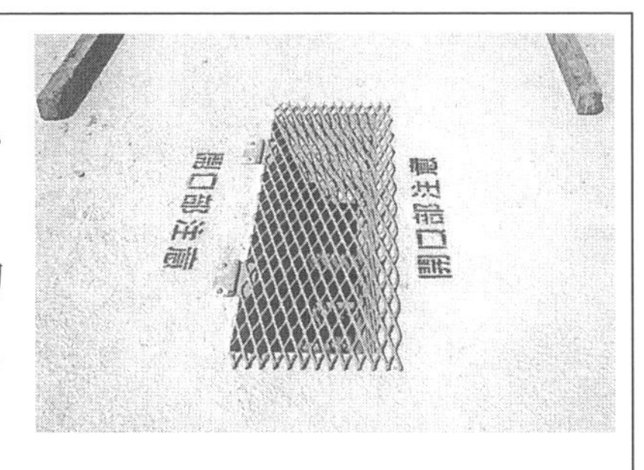

【改善効果】

閉め忘れやふたの紛失がなくなり、荷揚げ後のふたの復旧が完全に行われるようになった。また、ふたがエキスパンドメタルのため、下の様子も確認できる。

優良事例　③　点字ブロックシートを用いた可搬式作業台端部の注意喚起

作業に熱中しても可搬式作業台の端部にいることが分かるよう、シート状の点字ブロックを貼った。

【改善効果】

安全靴を履いていても足裏で点字ブロックの凹凸を感じることができるため、墜落災害の防止に効果があった。また、作業員の評判も良好であった。

優良事例　④　１ｔ土のう作成治具

１ｔ土のう作成時において、作業員が袋を介添えしてバックホウで土砂を投入するため、作業員と重機との接触が考えられた。そのため、土のう袋を介添えなしで自立させ、土のう袋が倒れないような治具を政策した。

【改善効果】

作業員と重機の混在作業がなくなり、また、土砂のこぼれもなく作業効率が良くなった。

優良事例　⑤　脚立天板作業禁止の注意喚起カバーの設置

「天板に乗って作業しない！」と書いた注意喚起用の黄色カバーを天板に取り付け、天板作業禁止の注意を喚起した。

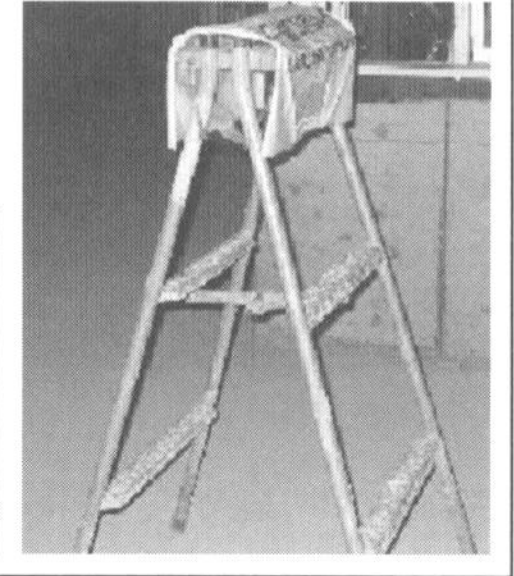

【改善効果】

作業員へのルールが徹底され、脚立の天板上での作業がなくなった。

優良事例　⑥　重機オペレータ席に貼った「私の安全宣言」カード

バックホウのオペレータに、安全運転の責任を自覚させることを目的に、「私の安全宣言」カードを作成した。カードには顔写真と氏名、オペレータ自身の安全宣言を記入させた。このカードを外部から見えるようにオペレータ席の窓に掲示し、他の作業員に対しオペレータ自身の安全の誓いを宣言させた。

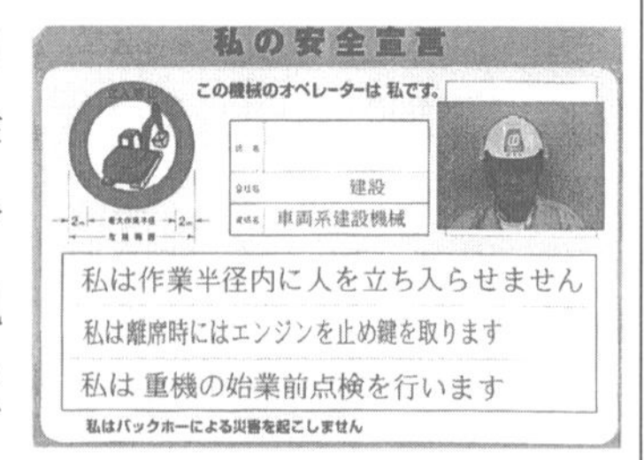

【改善効果】

オペレータの安全意識が高まり、これまでみられたバックホウ運転に伴う作業半径内立ち入り、エンジンキーの抜き忘れ等の不安全行動を減らすことができた。

優良事例　⑦　ビニール袋に入れた防火用水の改善

万一、火災が発生した時の初期消火が非常に重要であり、防火のための器具として、消火器、防火用バケツ等がある。防火用バケツの場合、①時間とともに水が蒸発し、補給管理がしづらい。②灰皿やボルト入れなど他の目的の容器にされる。③ボウフラなどの虫が発生する。などの欠点があった。

そこで、透明なビニール袋に水を入れ、それを防火用バケツに入れることで上記の欠点の改善を行った。

【改善効果】

消火テストの結果は、消火爆弾のようになり効果的な消火ができた。また、消火器より安価であり、目的外使用もされにくいため、作業員のモラル向上に役立った。簡単な改善であるが、安全に対する工夫・改善についての啓発事例となった。

優良事例　⑧　イラスト化した作業手順書の掲示

「思い込み・安易な判断等」によりヒューマンエラーが起きる。また、巡視者が作業員の行っている作業が手順どおりに行われているかは、作業に精通した者しか判断できないところがあり、手順の省略を見逃すことがあった。

そのため、見やすい場所にイラスト化した作業手順書を貼った。

【改善効果】

作業員が手順を絵などで確認でき、仲間の作業を注意し合うことで作業手順不履行がなくなった。

また、巡視者が、手順を確認できるため、指導が具体的なものとなり不安全行動がなくなった。

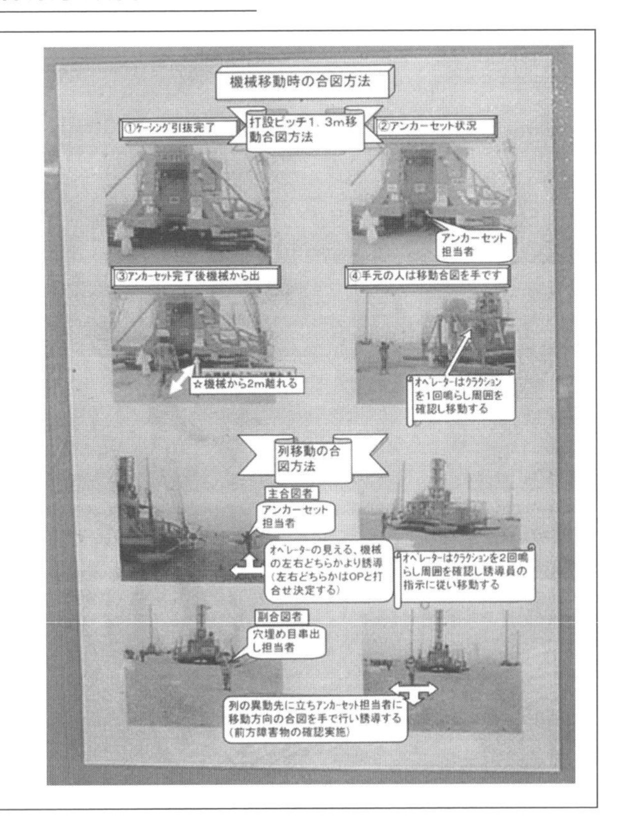

職長は作業員に対し、創意工夫・改善をみんなで推し進めることで、災害を防止する意識をつけさせせることが重要である。

現場の中では、元請や職長会と一緒になって作業員の意見を取り入れ工夫することが大切である。

（4）作業員とのコミュニケーションの取り方

建設現場は、発注者、元請、事業主、職長、作業員がひとつになって満足のいく“ものづくり”をめざしている。

それぞれ違った会社に所属する者が、勝手な思いでやっては効率良く、安全に作業はできず、結果、良いものづくりはできないことは、みんなわかっている。

解決の方法として「コミュニケーションを良くする」という言葉をよく耳にするが、具体的にどうすれば良いか優良事例を紹介しよう。

優良事例　①　安全標語入り手作りポスターの掲示

現場で働く作業員に安全についての標語や心構えを募集し、それに本人の名前を添えて全員の目に届くところに掲示し、連帯感を持たせた。

【改善効果】

安全標識に、自分が考えた標語や自分の名前や姿が掲示されることで、作業員同士のコミュニケーションが良くなり、協調性や安全意識が向上した。

優良事例　②　図面等を用いた職長・オペレータによる安全朝礼

朝礼では元請社員が中心となり説明するため、一般作業員には理解しにくい面があった。そのため、

1．危険作業や揚重作業は、職長から図面を見せながら説明を行った。
2．揚重作業の手順や内容、安全注意事項については、重機・レッカー等のオペレータから直接説明を行った。

【改善効果】

職長や作業員、オペレータから発表や説明を行うことで、一般作業員にとっても、より具体的な注意事項が明確になり、安全意識の高揚が図れた。また、朝から声を出すことにより、一声かけ運動の活発化にもつながった。

優良事例　③　ヒヤリ・ハットの報告と朝礼への活用

現場におけるヒヤリ・ハットは、事故・災害の一歩手前の現象であり、それを作業員全員に周知することが災害予防につながるが、現状は隠す傾向にあり、貴重な情報が生かされていない。

1．ヒヤリ・ハットが発生した場合、作業終了時に各職長から報告書により報告させる（報告した者を非難せず、ほめる）。

2．翌日の朝礼時に全員に周知する。

作業終了時のヒヤリ・ハット報告

【改善効果】

これにより、災害につながる危険要因を全作業員で共有でき、事前に排除することができた（危険要因の排除）。さらに、自分の働く身近な危険要因は、自分自身に係る要因が多くあり、危険箇所を隠す体質から皆で共有する体質に変わった。その結果、早めの改善につながり、作業員の安全に対する意識が高まった（安全意識の高揚）。

優良事例　④　職長の安全宣言活動

休憩室の横にサブ掲示板を設けて、「職長の月間安全目標」や「社内通達の展開シート」などを掲示して、安全意識の高揚と社内ルールの周知徹底を図った。

【改善効果】

職長が月間の安全目標をたて、それを顔写真入りのポスターで現場に掲示することで、職長の安全意識の向上が図れた。また、写真入りのポスターを掲示することで、元請職員と職長、職長と作業員、職長同士のコミュニケーションが深まった。

（５）健康管理・メンタルヘルス

ここ数年、現場内で私病により倒れる作業員が増加している。その私病の所見としては、脳と心臓に関する病気がほとんどであり、発症する者は主に40歳以上の中高年となっている。

私病で倒れる作業員をなくすためには、現場の安全衛生責任者でもある職長が、部下の作業員の健康状態を把握することや、ストレスを低減する環境づくりを心がけることが必要である。

その優良事例を以下に紹介する。

①　体調不良を原因とした災害の未然防止策

優良事例　**ＫＳＴ運動（高所作業トレーニング運動）**

高齢者はもとより、若年層までの全員が、自分自身の平衡感覚について自覚し、無理な体勢で作業を行わないようにすると共に、毎日のラジオ体操のあとに平衡感覚を養う訓練および保護具、自己の体調チェックを行い、体調不良を原因とした災害防止と墜落災害防止を図ることを目的とする。

【実施方法】

- 毎日の朝礼のラジオ体操後にテープの声に合わせて作業員が実施
- 職長は作業員のバランス状態を確認、その作業員の体調を確認する
- いつもよりふらついている者には職長が体調等について再確認し、体調不良者には作業内容の変更を指示する

②　夏季の健康管理

優良事例　熱中症予防対策ポスター

地球温暖化により夏場の気温上昇が著しくなった近年、現場での熱中症の発生が多くなっている。熱中症の予防には、環境面・作業面・健康面の改善が重要になり、このことをわかりやすく、日頃から作業員に話し、注意喚起を呼び掛けることが大切である。

そこで、熱中症の発生要因をみんなに興味を持たせる表現として、自分達が未然に防止する対策をまとめ、事業所や現場の詰所等に掲示して健康管理・現場の環境整備の改善を図るポスターを作成した。

熱中症が発生する原因を人の健康状態や状況に応じ４つに分けた。

1．昨日のツケ型…前日の飲みすぎ、寝不足等による健康管理不足
2．北極ハワイ型…室内気温と外気温の差が大きい環境による体調機能低下
3．熱帯砂漠型……高温多湿の通気の悪い環境による体調機能低下
4．飲助の性型……美味しい晩酌を飲みたいために、水分をカットしてしまう

それぞれに対策方法と処置方法をわかりやすくし、自分たち自身の健康管理により熱中症から身を守ることを自覚させる内容とした。

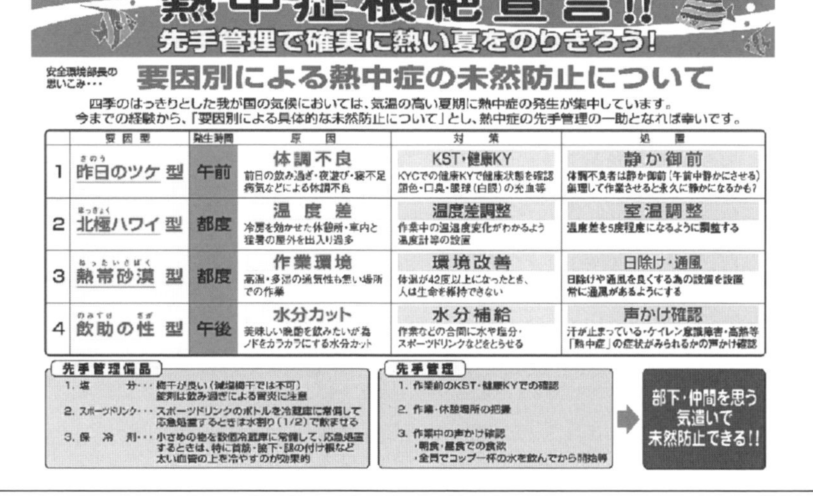

③　メンタルヘルス

優良事例　①　瞑想リラクゼーションとストレッチ体操の実施

昼休みの休憩（昼食や昼寝）で、心と体が休憩モードになっている。午後の作業開始前に、心と体を休憩モードから仕事モードへと切り替えて、ヒューマンエラーによる災害を防止する目的で開始した。

午後の作業を開始する前に 10 分弱の昼礼を行う。

1．瞑想リラクゼーション

①　目を閉じて身体と心のストレスを開放させ、心と体がリラックスできる場を提供する。

②　次の作業に神経を集中させることにより、仕事への集中力を高める。

③　繰り返しの語りかけにより、安全事項を短期記憶から長期記憶へと変化させる（覚え込ませる）。

④　自分に問うことにより、自分が何をなすべきか等、目標が明確になり仕事への参加意識が向上する。

2．ストレッチ体操

職員、職長のもと、ストレッチ体操で身体を目覚めさせる。

3．安全事項伝達（昼礼）

午後からの作業をイメージして特に危険な箇所、朝礼時と変化した作業内容等を伝達する。

優良事例　②　うっかり災害防止体操

作業中におけるうっかりミスによるヒューマンエラーが思わぬ災害を引き起こすことがあった。そこで、うっかり災害を防止する目的で、危険に対する集中力と注意力を高め、精神を安定させる体操を、朝礼時、昼礼時、休憩後に行うことにした。

「うっかり災害防止体操」

①　顔の緊張と弛緩
- 軽く目を閉じ、思い切り顔をしかめる（約10秒）。
- 目を閉じたまま、力を一気にゆるめ、リラックスした状態を感じる（約10秒）。

②　首、肩の緊張と弛緩
- 目を閉じたまま、首と肩にグーッと力を入れ、思いっきり肩をすくめる（約10秒）。
- 目を閉じたまま、力を一気にゆるめ、腕の力を抜き、リラックスした状態を感じる（約10秒）。

この動作を２～３回繰り返す。

③　深呼吸
- 目を閉じたまま、息を思い切り一気に「スッ」と吸う。
- 目を閉じたまま、心の中で「ひとーつ」と数えるつもりでゆっくり吐く（約10秒）

この動作を２～３回繰り返す。

④　目覚まし動作
- 目を閉じたまま、こぶしを握り、両腕を胸に引き寄せて「ギュッ」と曲げる。
- そして、勢いよく両腕を前に伸ばしながら手を開く。

この動作を、１動作約10秒で２～３回繰り返す。
- 終わったら、１回深呼吸を行って目を開ける。

【改善効果】

この体操を行うことで、個々人の精神状態を落ち着かせ、安定した注意力と

集中力が高まった。作業員への聞き取り調査では、

①　朝の気分がむしゃくしゃしているときでも、この体操を行うことで、気持ちがある程度落ち着き、集中して作業に取り組めるようになった。

②　朝・昼・休憩後に行うので、作業にかかる前の一連の準備動作となり、体と心の準備運動になっている。また、自然と仕事モードに頭が切り替わる。

優良事例　③　快適職場づくり リフレッシュコーナーを設置

休憩所の横に花壇、リフレッシュコーナーを設置し、パラソル、テーブル、長椅子を置いてゆったりとくつろげるようにした。

現場の横にはよしず張りの“憩の場”を設け、夏季には、かき氷を提供して熱中症予防に努めた。

＜参考資料＞

建設労務安全研究会（労研）では、安全衛生優良事例を収集・整理し、労研ウェブサイトにおいて公開しています。職場の安全管理の向上、作業員の安全意識向上の資料として活用して下さい。

［ウェブサイト名］　安全衛生優良事例 Good Practice（労研）

［ＵＲＬ］　http://www.ro-ken.net/goodpractice/index.html

【掲載内容紹介】

・ソフト部門

第一部　毎日の施工サイクルの優良事例

朝礼から始まり終業時の確認まで、作業遂行上の様々な取り組みを作業員一人ひとりの安全意識向上につなげる事例を記載。

第二部　その他の事例

作業所における休憩所や各種設備の紹介等の優良事例、元請や下請けの全ての作業員同士が、より良い作業を行うためのコミュニケーション方法等を掲載。

・ハード部門

土木、建築、共通の各種安全設備（墜落防止設備等）の優良事例

例えば、床デッキプレートのプレハブ化や、開口部転落防止養生枠上昇設備等が紹介されている。

元請と職長の知恵を集め、作業の効率化と安全向上を図った事例

第6章
作業員に対する効果的な指導および教育方法

この章では、職長が部下の作業員をどのように指導・教育したらよいかについて、その教え方、指示の与え方、皆さんが苦労していると思われる作業員とのコミュニケーションの取り方、創意工夫・作業改善の仕方などについて、わかりやすく解説しています。

現場での指導教育に大いに役立ててください。

6-1 教育の基本原則

（１）教育の目的

教育は、「教える」と「経験させる」、さらに「育てる」までを実践して、その目的を達成できる。

具体的には、知識（一般知識や専門知識）、技能（作業手順、基本動作）、態度（意欲、作業の改善、責任）の３つを習得させることにある。

下図は「教える」・「経験させる」のステップを示したものである。

（2）教え方の原則

①　部下たちのレベルに合わせて指導する

a．相手の立場を考えて指導を

人間関係を豊かにするには、相手の立場、能力に応じた指導を行う必要がある。自分がわかっていても相手はわかっていないことが多い。指導する方は当たり前のことかもしれないが、相手には初めてのことが多いことを職長はよく認識すべきである。

b．ユーモアを大切に

人間関係にとって大事なことは、明るく、ユーモアがあるということである。堅苦しくて面白味のないことばかりトウトウと述べて自己満足に浸っているというのは、人間関係にとって感心したことではない。人間関係は、明るく楽しいことがベストであり笑い声が必要である。

昔のことわざに「笑う門に福来たる」とあるように、人間関係も笑いから入っていくことが必要である。笑いの中からも何かを掴んでもらいたいと思う気持ち、それが人間関係を良好にする。

職長などの指導する立場の人は、いかに明るくするかに努力する必要がある。それもわざとらしいのでは駄目で、相手に対しての気配りが必要である。

c．一時に一事の指導

人間は一度に多くを覚え、身につけることはできない。1回に1つのことを指導すると理解や習得が容易になる。しかし、あれもこれもと教えようとすると無理が生じ、相手は何も覚えることができなくなる。1つのことをじっくりと指導してこそ相手も覚えることになる。そして人間関係も良くなるのである。

②　自慢話より失敗談

a．忠告や自慢は、つつしむ

管理する立場の人の中には、自分の自慢話とか余計なお節介や過大な忠告をする人がいる。

偉そうに自分の自慢話を語るのは、とんでもなく、聞かされる立場の人は、いい加減にして欲しいという気持になる。あんな人との人間関係は「まっぴら」だと感じるもので、過度の自慢・忠告は良い人間関係を保持するには絶対にいってはならぬことである。

過度の自慢・忠告は良い人間関係を保持するには絶対にいってはならぬことである。

b．失敗談は逆に共感と親近感を呼ぶ

自慢話とは逆に、失敗談を話すことは部下にとって大いに共感を呼ぶ。ヒヤリ・ハット等の例は特にそうである。上司でも失敗することもあるのだと話せば、部下は急に親近感を覚え、わざわざ自分の恥をオープンに語ってくれているとわかれば、それだけで部下は感激して同じ過ちをしまいと心に感じる。良い人間関係形成上、重要なことである。

今の世の中は「俺が、俺が」の人が多すぎ、他人より目立ちたがる人が多い。目立つことをやって自分が偉いと「ふんぞり返る」ことが多い。しかし、謙虚な態度、話し方こそが部下の共感を呼ぶ。本当に実力のある人は静かに堂々としているものである。

c. やさしいことから難しいことへ指導を進めていく

相手の習得程度に合わせて少しずつ内容を高めていくことが大切である。作業員にとっては習得の喜び、達成感が励みになり、また本人の自信につながっていく。

d. 動機付けを大切にする

教えたことに対して、なぜそうしなければならないのか、目的や重要性をわからせ、納得させることが大切である。そうしないと、ど忘れ、勘違い、手抜きなどを起こしてしまう。

e. 反復・体験・五感の活用を図る

何回も根気よく言って聞かせたり、やって見せたり、やらせたりすることが大切である。例えば、実際に作業員を重機の運転席に乗せ、死角を分からせるなど、体験を通じて習得した知識や技能はなかなか忘れないものである。

6-2 教え方の効果的な進め方

（1）教え方の４段階法

職長が効果的な指導および教育を行うためには、作業員の立場に立った教え方をすることが大切である。教育によく用いられる方法としては、下表に示すように「4段階法」があり、広く活用され効果を上げている。

段階	手順	教え方のポイント
第1段階	**習う準備をさせる** 	・教育の狙いを明らかにして、動機付けをする。 ・教育内容の重点を話す。
第2段階	**説明し、やって見せる** 	・作業手順の主なステップを一つずつ言って聞かせて、やってみせる。 ・急所、ポイントを強調する。
第3段階	**やらせてみる** 	・作業手順の主なステップと急所を言わせる。 ・間違い直しをもう一度やらせる。 ・良くできたらほめる。 ・分かったかを確かめる。
第4段階	**教えた後を確認する** 	・度々教えたこと、打合せしたことがうまくできているかを確認する。 ・分からないことは質問するように仕向ける。 ・だんだん指導を減らし、自分から考えさせるようにする。

（2）叱り方を誤ると

教育を行っている中で、間違いを改めさせるために叱（しか）るという行為がでてくる。かけがえのない優秀な作業員を育てるためには、叱り方が大事である。

①　叱ると怒るは大違いなので注意をする

叱る…相手の成長のために、愛情を込めて言う。

怒る…自分の腹の虫を治めるために、憎しみを込めて言う。

②　まず、ほめてから叱れ

２度ほめて、１回叱るくらいの気持で叱る。ほめるときはみんなの前で行う（例：スローガン募集における安全表彰など）。

③　叱るときは本人に直接に

叱るときは全員の前で叱るのはやめよう。叱られた本人は皆の前で「恥」をかかされたという気持を強く持ち、それが相互不信のもとになる。

④　やむを得ぬときのみ

冷静であるときに、場所を選んで、謙虚な態度で叱る。

⑤　叱らねばならないときは、真剣に誠心誠意をもって叱れ

リーダーの５つのタブー（言ってはいけないこと）

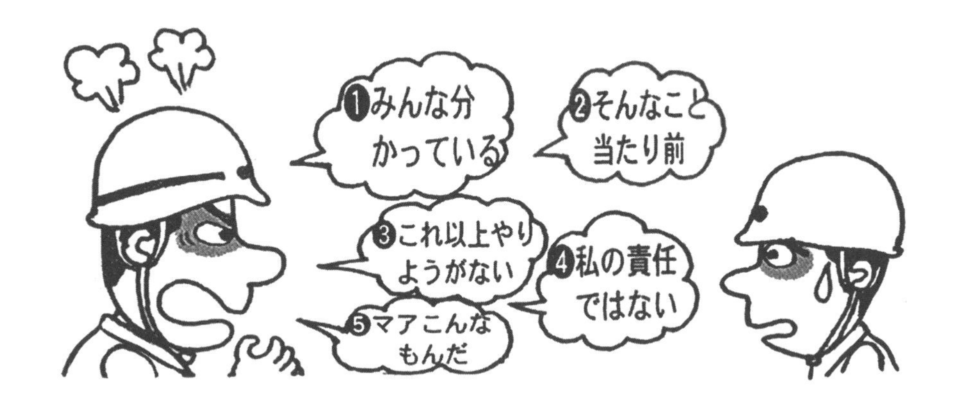

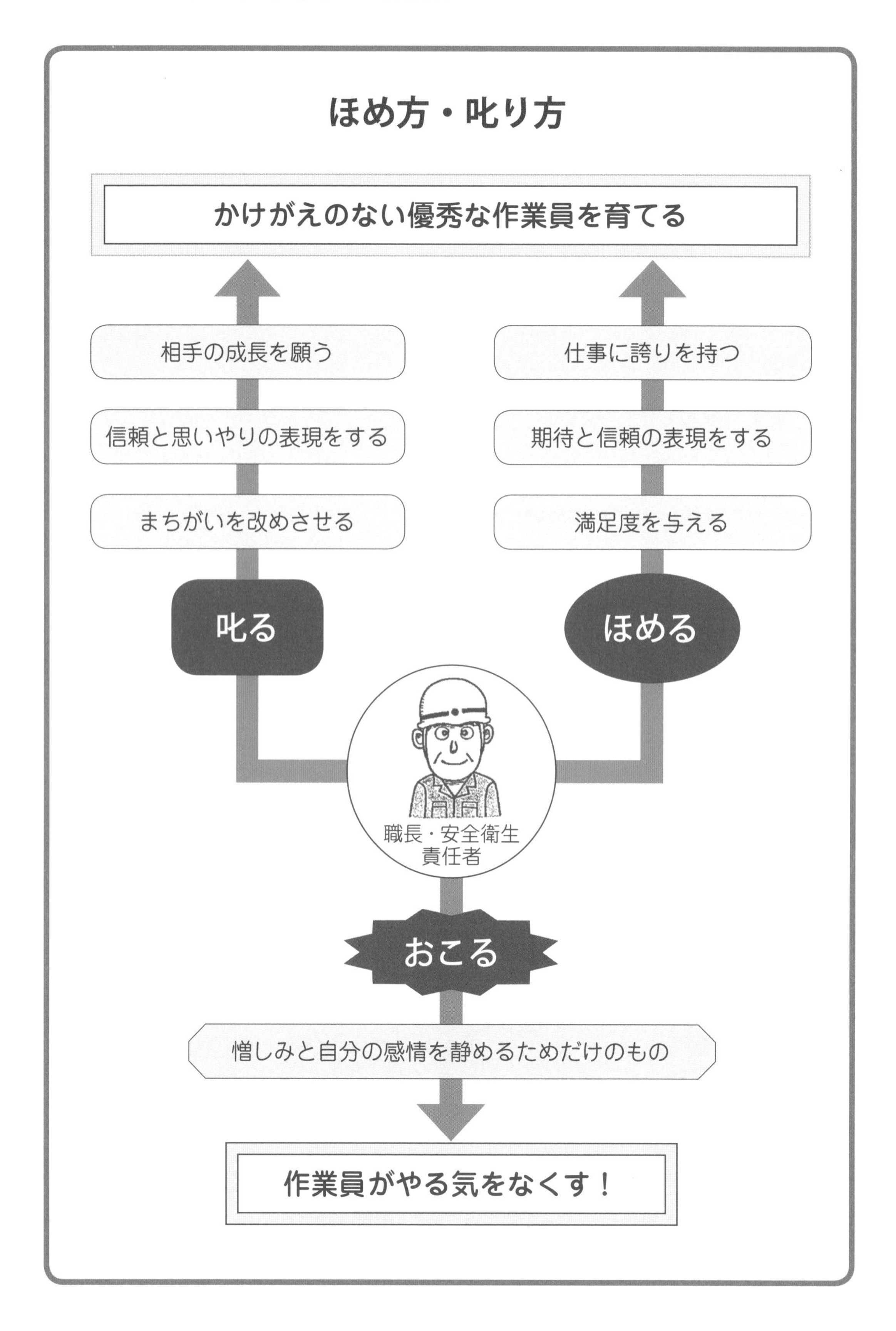
ほめ方・叱り方
かけがえのない優秀な作業員を育てる
相手の成長を願う
信頼と思いやりの表現をする
まちがいを改めさせる
叱る
仕事に誇りを持つ
期待と信頼の表現をする
満足度を与える
ほめる
職長・安全衛生
責任者
おこる
憎しみと自分の感情を静めるためだけのもの
作業員がやる気をなくす！

（3）指導・教育の条件と要素

指導および教育を効果的に進めていく上で、職長は以下の「指導・教育の４つの条件」と「向上的な指導・教育の６つの要素」を十分理解した上で、指導に当たることが大切である。

指導・教育の４つの条件

①　習う者が正確に理解できるよう、わかりやすく指導・教育する。
②　取り組む仕事の安全、品質、能率を大事にさせる。
③　習う者が仕事の目的・内容を理解して、納得して仕事ができるようにする。
④　一度にたくさんのことや難しいことを教えずに、簡潔にわかりやすく指導する。

向上的な指導・教育の６つの要素

①　習う者が中心である。
②　問題を結び付けて行う。
③　習う者が自分で方向を見出し、自ら学んでいくように促す。
④　習う者も教える者も、同じ目標に向かっているという共通の理解の上に立つ。
⑤　教育の目的・目標に役立つ技術、方法、教材、教具を効果的に活用する（ビデオ、ＤＶＤなど）。
⑥　知っていることから出発して、知らないことを習得するように導く。

6-3 職長の良い指示の与え方

現場で働く作業員は、必ず職長等からの指示により作業を行っている。この指示が適切で安全を考慮した内容であれば、作業効率が向上し、安全な作業ができることとなる。しかし、この指示がいい加減であれば、作業員達は勝手に判断し、思わぬケガをしたり余分な仕事をしたり、後々その処理で苦労することになる。

作業指示は、その人その人の知識・技量・能力に応じて具体的に行うことが大事であり、決定した作業内容は、それぞれに決めた作業方法・手順、安全対策等を一人ひとりに指示しなければならない。

（1）職長は作業指示をいつ行うのか

職長が指示を出す時機は、下表のとおりである。

指示の時機	指示の内容
①作業開始前ミーティング	元請との作業打合せ内容、作業場所、作業手順・方法、作業の担当配置、他職との関連、安全指示事項を作業員に周知徹底させる。
②作業中の巡視、監督中	作業手順どおりに作業しているか、指示事項を守っているか、不安全設備の改善、不安全行動の防止指示、作業中に問題点があれば作業員と話し合い、改善点を指示する。
③作業終了後	今日の作業での反省点、改善等の解決策などを話し合い、改善内容を指示する。良くできたことはほめる。

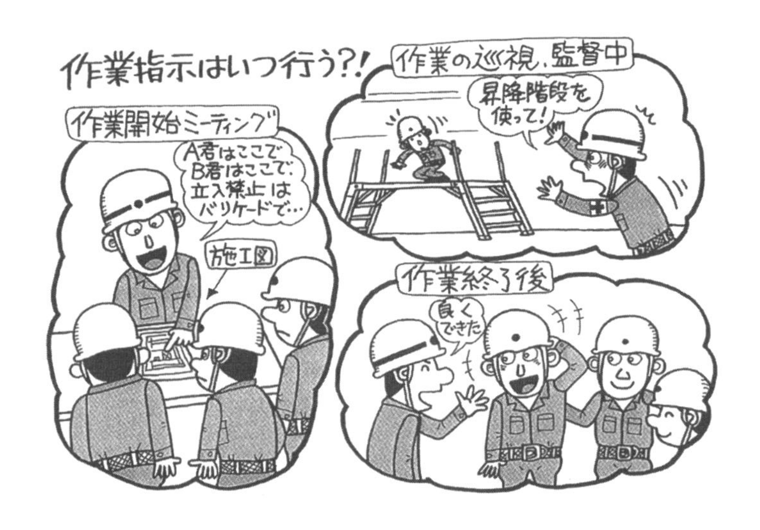

(2)「指示」は迷いなく明確に

現場では、月１回の安全大会や災害防止協議会、週間工程打合せ会、そして日々の安全工程打合せ会など施工を円滑に行うための会議が頻繁に行われる。元請からは工程の変更や調整のため、いろいろな指示が出る。

仕事に駆け回っていると、書くことは大変面倒くさくなる。しかし、元請からの指示や伝達事項は全部書き留めるクセをつけること。

職長は、それをツールボックス・ミーティング時や作業の打合せ時に作業員にキチンと伝えなければならない。

その時、肝心なところが抜けていたり、あやふやだったりすることは許されない。それが原因で現場が噛み合わなくなり、人が落ちたり、機械を倒したりする例はいくつもある。

(3) 仕事の始めと終わりはしっかり締める

「職長は、始めと終わりは働くな」という言葉を一度考えてみる。

まず、始めとは「かかりしな」のことである。特に、ツール・ボックス・ミーティングでは、わかりやすく指示することが大切である。指示したら、まず職人の動きをよく見ることである。職人が目論見通りに動き出したら、職長の采配は効いていることになる。あとは自分なりの仕事をする。

そして、注意は夕方の作業。いわゆる「上がりしな」である。

明日の段取りと重ね合わせて、じっくり見る。「明日も完璧だ」と声を出していえるか。これは、あなたの部下も、元請の所長も、みんなが望んでいることである。

指示するに当たっての留意事項

① 職長は責任者であることを自覚し、自信をもって指示することを心掛ける。

② 職長は、安全の確保、部下をケガから守る意識を常に持ち、施工と安全は一体であることを認識する。

③ あいまいな指示はしない。

（例）
- 昨日と同じ作業だから…作業は常に進み、状況は変化している。
- 足元に注意して…通路を歩いているときなのか、作業する場所なのか、それぞれ人によって受け止め方が違う。
- 切ってくれ…電気のスイッチを切るのか、電線を切るのか。対象となるものが不明。

④ 指示はわかりやすく、普段使用している言葉で。分かりにくい技術・専門用語は控えること。

⑤ 具体的で、納得しやすい指示をする。

（例）
- 保護マスクの着用→アーク溶接作業は粉じんが飛散するので、電動ファン付き呼吸用保護具をつけて作業をしてください。

⑥ 指示内容によっては、自らの経験談、失敗談を交えて指示して、指示を守る意識を高める。

⑦ 大勢の部下の前で指示するときは、部下の名前を呼んで指示し、返事をさせる。

⑧ 作業しながらの指示はしない。

⑨ 指示した内容、事項が守られているか、必ず確認する。言いっぱなしはＮＯ！

6-4 コミュニケーションの取り方

(1) コミュニケーションとは

多くの職長は「人間関係が自分の仕事の中で一番のウエイトを占める」という。現場は人間集団の場であるから、よいチームワークが実現できるよう職長は作業員との間に良好な人間関係を形成するように努める必要がある。

建設現場での「職長としての必要なコミュニケーション能力」とは、「より良いものを、より早く、より安く、より一層安全に」工事を遂行する一手段として、「工事に関連する様々な情報をタイミング良く収集し、それをうまく活用して、関連する人々を効率的に、気持ち良く動かす対人能力」のことである。

２人以上の人間が関わることなので、必ず、お互いの意思疎通と感情の交流が、大きな要素を占めるため、普段からの良い人間関係（信頼関係）、良い職場風土づくりが最も大切なことである。

現場全体が１つの集団として目標に向かってまとまらなければならないが、とりわけ、現場最前線の監督者であり、かつ元請と作業員との橋渡し役である職長は、「現場のカナメ（中心人物）」である。

現場の職長を中心としたコミュニケーションの流れとしては、次の３通りがある。

職長を中心としたコミュニケーションの流れ

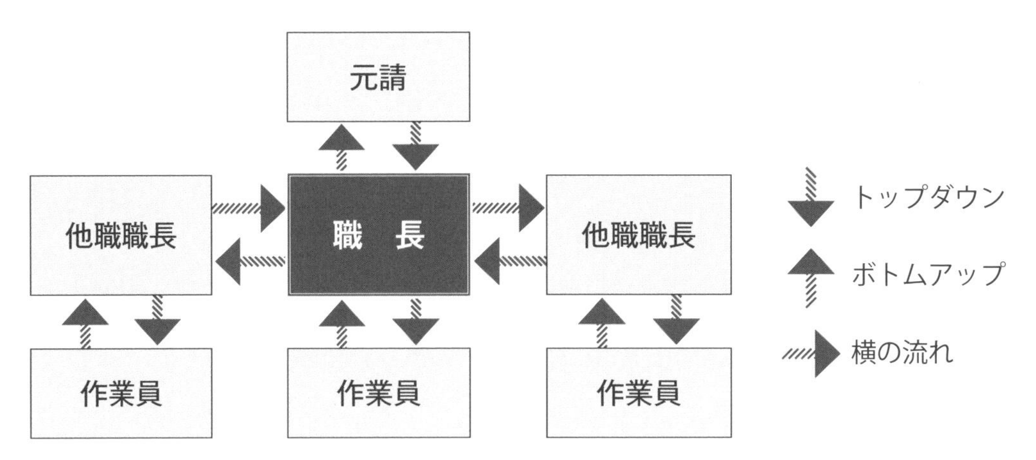

流れ	実施項目	コミュニケーション相手
①　トップダウン	指揮、命令、相談など意思の伝達	・元請所長等から職長へ ・職長から部下の作業員へ
②　ボトムアップ	報告、連絡、相談、提案、苦情など意見の吸い上げ	・部下の作業員から職長へ ・職長から元請所長等へ
③　横の流れ	他職の職長との連絡調整など連携、共同歩調	・他職職長と ・連携・共同作業する他職の職長、作業員と

職長は、コミュニケーションの受け手であると同時に、反対方向に対するコミュニケーションの送り手でもある。このような重要な位置を占めている職長は、コミュニケーションを円滑に行うための知識や技能を充分修得することが必要不可欠なことである。

(2) コミュニケーションの基本要素

①　お互い人間同士、対等の精神を持つこと

職長の立場として、元請、作業員、他職と上下（水平）関係になるが、お互い人間同士、常に対等であること。

・一人ひとり、かけがえのない人

・上位にヒクツ、部下にオウヘイであってはならない

・思いやりの心と気づかいの心を常にもつこと
・誠実な心と誠実な態度で接すること
・人間関係の基本は、心と心の触れ合い、肌と肌の触れ合い

②　お互いの立場を理解すること

お互いの立場や考え方の相違を理解する（知る）こと、そして、よく　理解することから、初めて人間関係が生まれてくるものである。

・人は自分を理解してくれる人に対し、初めて心を開く
・相手を知り、己を知ること
・相手の態度が気になる時は、相手を批判する前にそういう態度を取らせた原因は、自分にあったのではと、まず先に疑うこと

③　お互いの立場上の相違点を明確にすること

・自分がこう思っていることも事実であり、相手がそう思っていることも事実…逆もまた真なり
・お互いの立場上でのホンネとタテマエあり…心を読む、心を見る

④　期待値に対する満足度から行動する

・人間は常に向上心を持った動物である
・人は期待されると利益（利害）に関係なく行動する

⑤　欲求に対する充足度から行動する

・欲求の対象、内容はもちろん、その充足度は人それぞれである
・人は１つの欲求が満たされると、次の欲求を満たすために行動する

⑥　プラスの感情（効果）の大切さを理解すること

対象となる人物に自分の考えていることを提示して、相手にこれを理解させ、自分の期待する行動をとらせる場合、必ずお互いの「感情の交流」が発生し、相

互の人間関係、信頼関係から、プラスの感情もマイナスの感情も発生してくる。

- 論理、理屈の一辺倒 → 一方的な押しつけと錯覚 → マイナスの感情 → マイナスの効果 → 目標未達成
- 「心の中にある」思いやり、面倒見、協力や支援の気持ち → プラスの感情（効果）→ 集団変身 → 目標達成

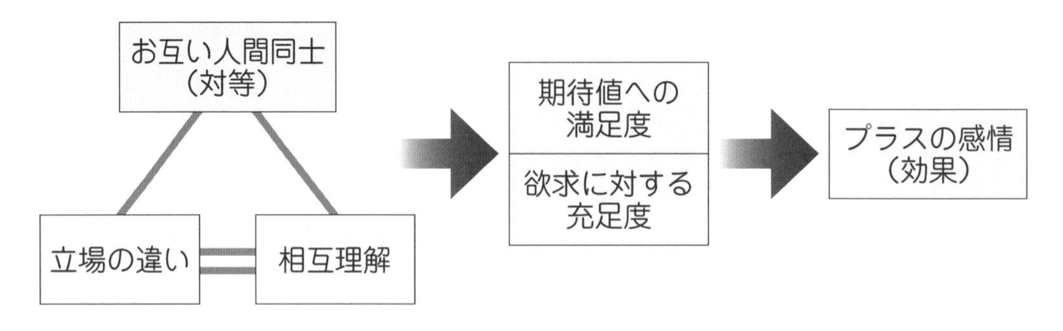

（3）人間関係の維持（日常から心がけること）

① 職長として、自分自身のクセや弱点（強み）を知り、その是正に努めること

- 常に、何故？何故？何故？····反省！反省！反省！を心がけること

② 親しく話し合える雰囲気、職場風土をつくること

- 挨拶の励行··おはよう、おつかれ、ごくろうさん
- 声かけ、問いかけの励行…作業中は、もちろんであるが、休憩中の方が相手の記憶に残る

③ 常に、厳しさと愛情をもって接すること

- 躾（しつけ）は、愛情に始まり、厳しさに終わる

④ やる気、やりがいを与えること

- 個々人の技能に応じた役割、責任を与える（明確にする）こと

・チームワークの良い集団を作り上げ、集団の仲間として作業させること
　また、グループリーダー、サブリーダーの育成に努める
・「ほめ方」と「叱り方」は相手、内容、タイミング、場面等充分に気をつけること

⑤　トラブルや不平不満は、速やかに処理すること

・良いチームワークを早急に立ち上げ、維持向上に努める
・ほんのささいな不平不満でも原因の追求を行い、早期に処理すること
・昼食、休憩等はできる限り一緒にとり、情報のアンテナをはること

⑥ 日常の生活面でも、十分気配り、目配りすること

・日々の健康状態、精神状態に注意を払うこと
・私生活の乱れは厳しく指導し、悩みには親身に相談にのること

⑦　相手の自尊心を傷つけないよう常に心がけること

・人は誰でも自尊心と自負心を持って生きている

（4）コミュニケーションの取り方

①　情報を発信する側は、目的（してもらいたいこと）、条件等を具体的に発信すること

・５Ｗ１Ｈ方式の心がけ

その目的は何か（何をやるのか）	誰がやるのか
いつ（まで）やるのか	どこでやるのか
何故やるのか（それは必要か）	どんな方法でやるのか

・図面や写真を利用して具体化すること
　言葉は不完全な道具で、勘違い、誤解を招きやすい

②　相手の目を見て、話す（聞く）こと

・アイコンタクト、アイメッセージをうまく利用すること
　話し手が言葉に託して伝えたい気持ち、意図、心は、言葉だけでは言い尽くせないものがある

③　「あなたと私は意見なり、考え方なりが一致している」と思わせること

・一致点を一つひとつ積み上げていくと、こちらのペースで話を進めていける利点あり
→ 最近の話題、ニュース、芸能、スポーツなど
・情報の発信者と受信者とに共通の領域が多いほど、情報は正確に伝わる
→ ツーカーの仲、あ・うんの呼吸

④　話は一方的ではなく、意見や考えを聞くことを心掛け、一緒に考え、良い方法を決めていく

・聞き上手は、話し上手（説得上手）
・相手の言葉、話を否定しない、決めつけない
・相手の気持ちを受け入れて、共感を示すことでホンネが出やすい雰囲気をつくること

⑤　作業員個々人の「こころ」を知る努力を積み重ねること

・個々人の欲求と満足度の段階を知り、より良い方向へ導いていく
　人それぞれ欲求の内容、その満足度、段階が全て違う

⑥　短期的な相互理解不能者に対して

・職長として技術に裏打ちされた仕事を完璧にこなし、信念を持って、実行力
　で作業仕事の流れを指し示すこと
　（あたりまえのことを、あたりまえに、やり通すこと）

あなたならできる　あなたなりのコミュニケーション

6-5 現場が求める創意工夫

（１）創意工夫の仕方

①　創意工夫とは

創意工夫とは、経験や技能、知識を活かして、事故や災害の防止について新しい見方や方法を考え出し、効率の良い方法を編み出して活用していくことであり、新しい価値あるものを引き出す創造性を開発し、育成することをいう。

創造性の開発とは、次の３つの能力で構成されている。

○　思考力…理論的に筋を追って考える力

○　応用力…発想を転換する力

○　表現力…考えを言葉や文章、絵、行動等で伝える力

創意工夫を引き出す方法

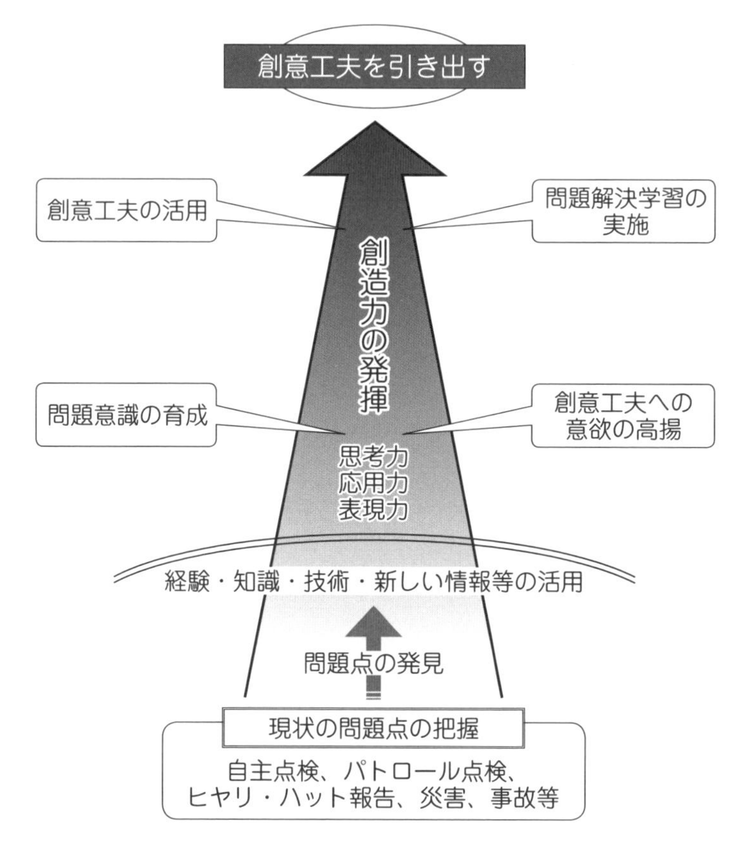

②　「安全」を左右する創意工夫

職長が安全衛生に関して実施すべき職務に、「作業員から安全についての創意工夫を引き出して災害を防止するという事項」がある。作業員から創意工夫を引き出すことは、災害の未然防止という効果が期待できるばかりでなく、作業員の安全意識の向上とともに創造力を育むことができる。

そのために職長としては、次の３点に気配りを忘れてはいけない。

ａ．日頃から、作業員に問題意識を持たせ、創意工夫が出せる雰囲気づくりをすること。

ｂ．問題解決は、作業員自身に解決をゆだねるが、困っているときには適切な助言を与える配慮が必要である。

ｃ．創意工夫により、提案されたアイデアを尊重し、安全対策に活用するようにし、作業員が誰でも参加できることを理解させ、参加意識を高めるように努めること。

③　創意工夫を引き出す基本的心得

作業員から創意工夫を引き出すためには、作業員の創造力を育成していくことが必要である。まず、職長が中心となって創意工夫を創造する雰囲気をつくる努力が大切である。

創造力を育成する雰囲気づくりとして、職長は、現場で使用している安全日誌や安全パトロール、自主点検等から出された問題点を資料として使用する。

作業員に資料を見せて、資料の説明をして、問題意識を持たせ、さらに問題を解決するための「テーマ」を与えて、「どうしたらいいか」を考えさせて、より効果的な創意工夫を提案してもらう。

そして、その提案されたものが良い効果を生み出しそうなものに対しては、「ほめる」ことを忘れないようにすることが大事である。

一般的に、創造力を育成するためには、６つの能力【問題発見力・思考力・応用力・空想力・完成力・構成力】が必要とされている。

それには職長は、日頃より、作業員の創造力を育てるに当たって、

a. 具体的な「課題」や「資料」を与えて、問題意識を持たせる。
b. 物事を見るのに、全く違った角度からの訓練をする。
c. 創意工夫が誰にでもできるという自信を持たせる。
d. どんな創意工夫に対しても、「ほめる」ことを忘れない。
e. 創意工夫の意欲を高めるように心配りをする。

創造力を発揮するために育てたい６つの能力と職長自身の心がけ

６つの能力		職長の心がけ
1．問題発見力	問題意識を持ち、作業から問題点を発見する能力	現実の仕事から問題点を発見する能力であり、現状を変革してより良い状態にしたいという意識が問題意識であり、問題意識が問題を発見する力となっていく。
2．思考力	古いものを捨て、新しいものを取り入れる柔軟な思考力	現実に適用されているシステムや構造の理論にとらわれず、多面的な思考をもって現実のシステム、構想を再考する能力である。
3．応用力	基礎知識を生かし、それを応用することができる能力	基礎知識を現実の職務に活用し、その知識によって職務を改革する能力である。
4．空想力	新しいヒントに従い、新しいアイデアを出すことができる能力	理論的思考を超えて、新鮮な感性で対象を眺め、夢と感性から新しいものを生み出す能力である。
5．完成力	まとめ上げ、新しいアイデアのものを使えるようにする能力	アイデアを施工や作業手順、技術、システムに表現できる能力をいう。
6．構成力	アイデアを出し、それを組み立てていく能力	創造とは既存の物事や考えの組み合わせであり、この組み合わせの能力をいう。

（2）作業員から創意工夫を引き出す具体的な手法例

それでは、具体的にどのような場で作業員に意見を出してもらったり、物事を考えたり、そのきっかけを作ってもらったりするのか、具体的手法の例を以下に示す。

職長は、これらの手法を状況に合わせて実施し、作業員の関心を高め、作業員が安全活動に積極的に参加し興味を持てるよう努めることが必要である。

①　提案制度

提案制度とは、今から約100年前にスコットランドで考えられた制度といわれ、従業員から新しい考えや創意工夫を出してもらい、採用された提案の効果が大きければ、その提案者に対して褒賞を与えるという制度である。以前から広く行われている創意工夫を引き出す方法である。

もともとは能率向上とか品質改善などを目的としたものであるが、従業員（作業員）の意識の向上に有効なため、安全管理の分野にも導入されるようになった。

②　安全ミーティングでの動機づけ

その日の作業を開始する前に、簡潔に実施すべきことのポイントを確認する安全ミーティング時に、個々の作業員が作業方法や安全に対して、気がついた事項について気軽に話し合うことによって、作業方法や内容が改善されるヒント、きっかけになる。

意識して安全に対する改善を話し合うようにすれば、作業員の安全への関心を高め、災害防止にも大いに効果を上げることができる。

例えば、ある道路工事の現場で、作業開始前の安全ミーティング時の会話で、歩行者のための通路確保に関し、それまでカラーコーンのみを並べていたのを、不安定なので、つなぎ棒を改良してカラーコーンを固定したところ、通行人は道路として認識し、安全に通行するようになった。これは立派な創意工夫の効果といえる。

③　アイデア生み出すブレーン・ストーミング

ブレーン・ストーミングは、短時間のうちに１つの問題について検討し、多くの創意工夫・アイデアを引き出す手法である。多く出された創意工夫・アイデアを組み合わせたりして、問題点を改善して効果を上げていくという点に特徴がある。

ブレーン・ストーミングは、何人かのメンバーがリラックスした雰囲気のなかで、空想・連想の連鎖反応を起こしながら、自由奔放に創意工夫・アイデアを出し合うのが建前であるが、次の４項目の原則だけは心得ておかなければならない。

ａ．批判禁止…良い・悪いの批判をしない、議論しない。

ｂ．自由奔放…気楽な雰囲気で自由に発言し、奇抜な意見を歓迎。

ｃ．大量生産…何でもよいから、どんどん発言。

ｄ．便乗加工…他人の発言に便乗、尻馬に乗った発言も歓迎。

なおブレーン・ストーミングというと何か難しいことのように受け取られがちだが、要は衆知を集めて少しでも良い対策を見出して実践に結びつけていくという点にポイントがある。どんな現場でもできることを確認しておこう。

気軽な話合いから生まれる提案

④　創意工夫力を磨く危険予知活動

危険予知活動（ＫＹＫ）は、現場や作業に潜む危険性または有害性を事前に見出して、その除去・低減対策を講じていく活動であり、危険予知訓練（ＫＹＴ）の後に、実際の作業箇所、作業方法など、現場や作業に潜む危険要因を発見し、把握し、改善するために創意工夫を引き出して、災害防止につなげていくことになる。

「第３章 3-2（3）リスクアセスメントを取り入れた危険予知活動」（106 ページ）を参照のこと。

⑤　ヒヤリ・ハット体験を知恵に変える

作業員の皆さんが現場での作業中、または日常生活においても、ヒヤリとしたり、ハットしたという体験を誰しも持っていると思うが、ヒヤリ・ハット運動とは、このようなヒヤリ・ハットを１つずつ取り除き、創意工夫をもって改善して、先取りの安全を進めようとする運動である。

災害は、不安全状態や不安全行動によって起こるものだが、このヒヤリ・ハット運動は、このような危険要因をヒヤリ・ハットする前に皆で話し合い、考え合って、創意工夫をもって改善し、災害防止に効果を上げる手法である。

事　例

あるとび工が作業中にラチェット・スパナを誤って落下させたとき、ヒヤリとした経験から、知恵を出し合い考えたのが、落下防止用工具ホルダーであるといわれている。同じような例は少なくない。

（3）創意工夫を生かすポイント

これまで創意工夫を引き出す方法・手法をいろいろ学んできたが、これらを活用して、労働災害の原因を分析し、災害防止に努める必要がある。

特に職長は、創意工夫を引き出す手法を積極的に活用して、作業の方法や設備・機械・保護具等と作業環境を改善し、災害を防止し、安全に対する意識高揚に努めなければならない。

また、作業員から提案された創意工夫は積極的に活用するよう努めることが大切である。

職長は、創意工夫によって提案した作業員のフォローとして、所属の上司や元請に安全に取り組む姿勢を教宣するのも職務として大事なことである。

提案した創意工夫の中には、採用されない提案もあるが、職長は、提案者に対しては、その採用されなかった理由を説明して、今後とも意欲を持って提案してもらえるよう配慮することが必要である。

提案された創意工夫は、安全活動に積極的に活用することによって作業員の自信と意欲を伸ばし、「安全」に対する参加意識を高めることにつながる。

身近なところで効果が上がった創意工夫の紹介

従来は通路と定めた場所の床面に、「作業通路」と書くだけであったが、工事が進行するにつれ、ペンキが落ち、その場所へ資材を置いたりして、通路の役目をなさぬことが度々あった。そこで工夫したのが、通路を確認してもらうためにも、通路と定めた場所にマットを敷いた。

こうしておけば通路であることが明らかになる。マットはベルトコンベアの廃材を再利用したり、安価なカーペットを敷いた。

この創意工夫は、心理的効果を期待したものであるが、これ以後、通路上に物を置かなくなったなどの効果があった。

廃材も有用な資材に

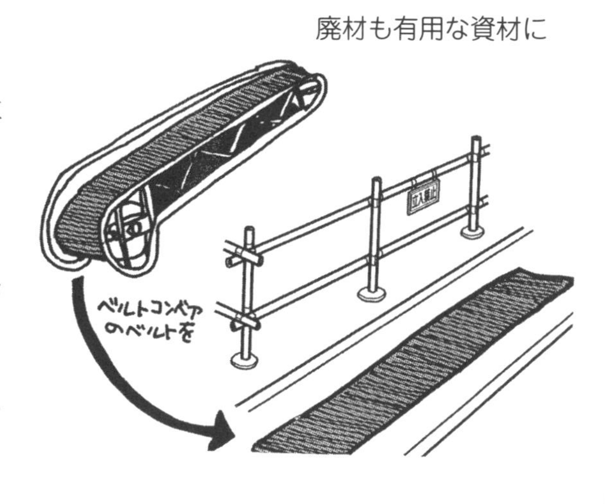

ある職長の話

多くの作業員を相手に『安全管理』を徹底することはかなり大変なことです。安全上の指示を口が酸っぱくなるほど繰り返しても、なかなか素直には耳を傾けてくれないところがあります。作業員が自ら進んで安全活動に取り組むようにできないかと以前から考えていました。

安全の先取りとして、今までに安全活動の手法として、危険予知活動、指差呼称、ヒヤリ・ハット運動などに次々と取り組んで創意工夫を作業員と一緒に考え、災害防止活動を実施してきました。

すぐには良い結果は得られなかったけれど、少しずつではあるが、作業員の『安全レベル』は着実に向上してきていると感じられます。これも創意工夫で作業方法や設備・機械・保護具等や作業環境の改善を提案してきた積み重ねで、一人ひとりが『安全面』に注意する意識を持ってきたという効果が出たものといえます。

（４）職長自身の想像力発揮のために日常心がける実践事項

職長を担う皆さんも作業員の方々に求めてばかりではなく、自身も次に示す事項について実践のこと。

ａ．「なぜ」という意識を常に持つ。
ｂ．知識を広め、情報を集める。
ｃ．創造の体験を積む。
ｄ．自分を窮地に追い込む。
ｅ．新しいことに関心を持つ。
ｆ．失敗を恐れない。
ｇ．こだわりなく話し合う。
ｈ．目標を明確にする。
ｉ．問題を限定する。
ｊ．他人のアイデアを借りる。
ｋ．個人のソースを持つ。

6-6 現場が求める作業改善

（1）作業改善の必要性

毎日行っている定型的な作業でも、それが一番良い方法で行われているか常に問題意識を持って作業を行う必要がある。

作業の方法は不変のものではなく、関連作業の変化や技術の進歩等とともに改善し、「より安全に」「より正確に」「より早く」作業できるようにしていかなければならない。これも職長の重要な職務であり、その能力を最大限に発揮できる場でもある。

A社の1万人の作業員を対象に墜落アンケートを実施したところ、墜落防止施設の改善要求をした人が45.6%であった。また、改善の対象物のアンケート結果からは、足場・作業床・昇降設備・手摺・親綱・安全ネットとなっている。改善の要求先は元請会社に対してのものが多いが、作業長・職長に対するものがかなりあった。

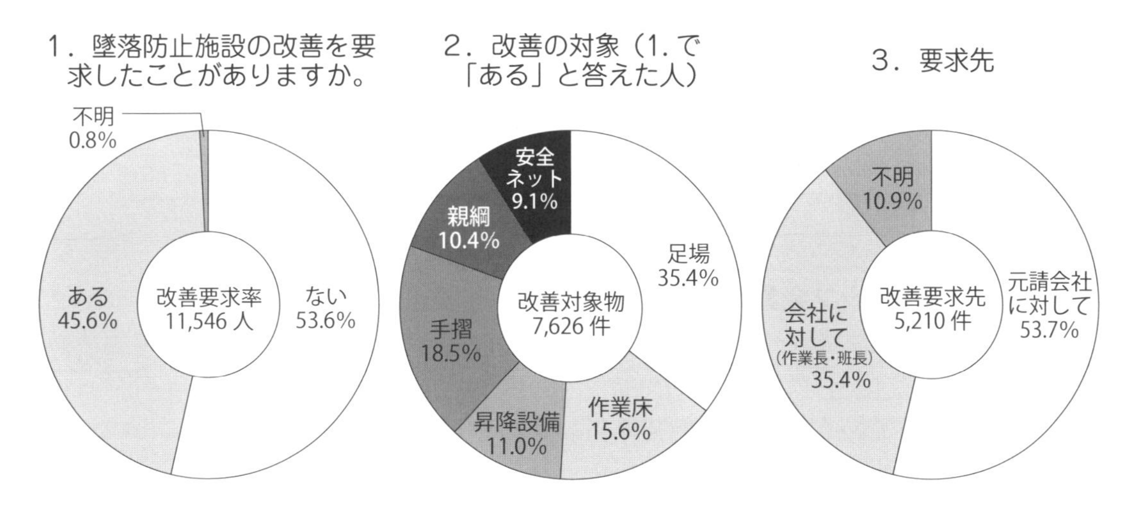

このように現場で仕事を行っている作業員は、非効率と思い改善に対する考えも持っている人が多いので、職長は作業員の意見をよく聞いて、作業の改善を検討する必要がある。

（２）作業改善の仕方（現状確認と改善作業の選定）

作業の改善を行っていくには、職長は改善に対する前向きな姿勢・取り組む雰囲気・環境をつくり、現場全体が常に改善に対する意欲を持つようにしておく。
これが作業の改善を長続きさせるポイントである。

①　現況に疑問を持つ

現場で作業方法の改善を考えていくことは、現状の作業方法でよいのか疑問を持つことから始まる。作業の流れにムダ・ムラ・ムリ（３ムあるいはダラリともいう）がないかを考え、作業に手間がかかったり、手直しが多いときには、必ず疑問を持って改善の一歩を踏み出す必要がある。

また、現在の作業方法に危険のおそれがあるとき、例えば開口部・作業床・作業通路が不備であったり、確保できていないときや、災害やヒヤリ・ハットがあったときにも、作業の改善を検討する必要がある。

②　改善はグループ全員で

作業の改善は、実際に改善を試行していくときのことを考えると、グループ全員参加で考えていく方が効果的である。

③　改善テーマの選び方

自分達の作業の身近なことについて選ぶと、みんなで意見が出しやすく、全員参加の意識が高まる。また次のような作業からテーマを選んで改善することも１つの方法である。

a．過去に災害が発生した作業、災害発生の恐れのある作業（危険･有害作業、ヒヤリ・ハットの多い作業を含む）

b．疲れやすい作業、無理な姿勢の作業（強い力を要する作業、高度の注意力を要する作業を含む）

c．労力・資材などに無駄の多い作業、予定どおり進まない作業、残業の多い作業

d．手直し・手もどりの多い作業（ダメが多く出る作業）

（3）作業改善の進め方

作業改善の進め方については、下記に示す4段階方式で行うのが効果的である。

段　階		概　要
第1段階	目的を明確にする	労働災害の防止、労働意欲・作業能率等の向上
	現状を理解する	①　より安全に作業をするには ②　より正確に作業をするには ③　より早く作業を進めるには ④　ムリ、ムラ、ムダのない作業を進めるには
第2段階	作業を分解する	まとまり作業を分解し、単位作業で検討する ・まとまり作業　単位作業　主なステップ
	危険性または有害性を特定する	①　作業方法・機械・設備を絞り込む ②　ムリ・ムラ・ムダな作業動作を決める ③　問題点を絞り込む
第3段階	リスクを見積り低減措置内容を検討する	検討結果から、新しい作業方法を組み立てる ①　何のために…目的 ②　いつ…いつまたはいつまでに ③　どこで…どこで、どの場所で ④　誰が…誰が、誰と、誰に ⑤　なにを…改善する事項を ⑥　どのように…改善の方法を
第4段階	リスク低減措置を実施する	・元請や会社に改善のポイントを説明し、承認を得て実施する。 ・改善の結果、良好な場合は社内・各現場に水平展開する。

〈出典〉職長・安全衛生責任者教育テキスト（建災防）

①　５Ｗ１Ｈ法で問題点を明確にする

問題点のつかみ方として、５Ｗ１Ｈ法を使って自問する方法がある。

５Ｗ１Ｈ（例）

次の自問をする。

１．なぜそれは必要か？
２．その目的はなにか？
３．どこでするのがよいか？
４．いつするのがよいか？
５．だれが最も適しているか？
６．どんな方法がよいか？

同時に次について自問する。

８項目の自問方法（例）

材　料	・必要な種目・量が必要な場所にあるか ・不要、不良のものが混じっていないか
器具・設備	・器具・工具の準備はよいか ・設備の構造および整備はよいか
機　械	・目的にかなった機械が正しく使用されているか
配　置	・使用する材料、工具、機械設備と作業員の配置はよいか
動　作	・作業位置、姿勢、行動範囲、速度にムリはないか ・作業分担に漏れはないか ・体力や技能の限界をこえる動作はないか ・急所に対する指示、注意は適切か、十分か

手　順	・作業の流れにムリはないか ・作業の分担、共同の関連で不備はないか
環　境	・作業位置、作業床、通路は、作業行動に十分なスペースで整備されているか ・使用材と不用材の分類と整理整頓はよいか ・周辺の照明などに作業を妨げる条件はないか
安　全	・保護具、安全装置などが正常に使用されているか ・異常事態に対する配慮、準備はされているか

8項目の自問については、4Ｓ（整理・整頓・清掃・清潔）活動を活用してチェックすることによって問題点をつかむ方法もある。４Ｓ活動は安全活動の基本といわれ、どの現場でも行って一番取り入れやすい方法である。

例えば4Ｓについて、不要な物をそのままにしていないか、必要なものが配置され明示されているか、毎日清掃し点検・確認しているか、身体や身の回りはきれいかなどの点から、材料・器具・機械・開口部・作業床・通路・保護具などに関してチェックポイントをまとめ、その確認を習慣化していくと問題点が確実につかめる。

また、「動作」についてもよく現場で行われている不安全行動チェックポイントを使って作業観察を行うと、例えば、高所作業での安全帯の不使用とか、開口部立入禁止への不安全な行動についてなどのチェックができ、問題があれば職長と作業員とが話し合って、どのように改善していったらよいかを見つけることができる。

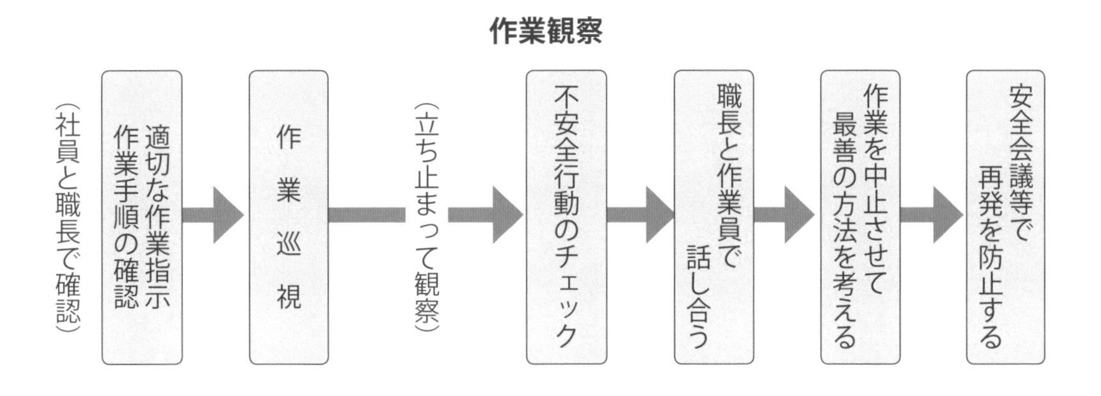

これらの問題点をつかんだところで特性要因図にまとめると、問題点が整理されよくわかり、対策が立てやすくなる。

特性要因図による問題点と原因探しの例

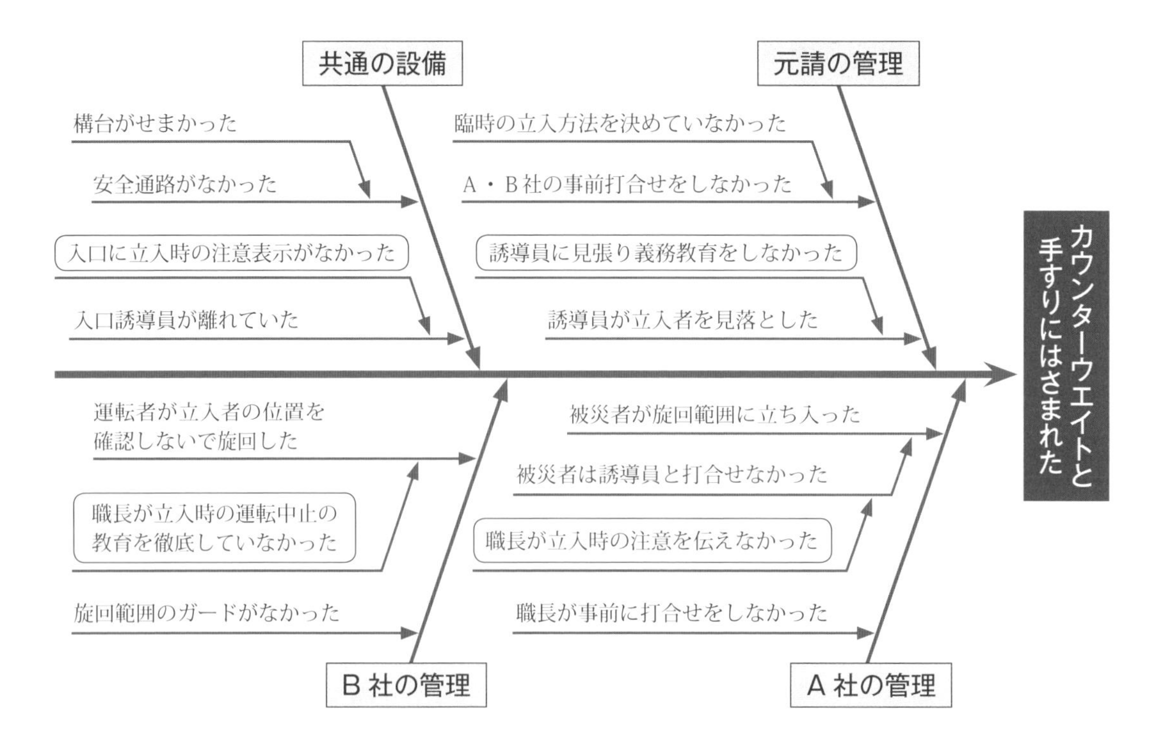

②　改善案を作成し、試行する

職長自身の改善案や、グループで検討した改善案を皆で試行し、都合の悪いところがあれば改良・改正し、より良いものにする。

出来上がった改善案は、自分の会社や現場に提案をし、良いものは皆で使えるようにする。

職長は、改善に対する積極的な取組み・姿勢を作業員に示し、次のような心構えで取り組む必要がある。

a．作業の方法は今までのやり方が正しいと考えずに、常により良い方法はないかと考える。

b．安全性や関係法令を無視した作業は行わない。

c．常に作業員の声を聞き、作業員が現在の作業方法が「やりにくい」「疲れやすい」などの不満を持っていないか把握する。

d．現場では作業員の行動を観察し、不安全行動があったときは不安全行動を行った真の理由を聞き、作業手順・動作・場所などにムダ・ムリ・ムラはなかったか検討する。

e．４Ｓ活動を行い、不完全な状態を把握し、対策を立て排除する。

f．災害の発生した作業については、関係者を含め、作業方法や手順の検討を十分に行い改善する。

g．自ら率先して改善に努めるとともに、作業員の意見・着想を積極的に聞き出し、改善案は皆で試行し実行する。

6-7 ヒヤリ・ハットと危険予知活動

（1）ヒヤリ・ハットを経験している人は？

次のグラフは、厚生労働省が平成21年に実施した「年齢別、経験年数別ヒヤリ・ハット体験の有無」の調査結果である。

このグラフから、年齢や経験年数に関係なく、おおむね半数の人がヒヤリ・ハットを体験していることがわかる。

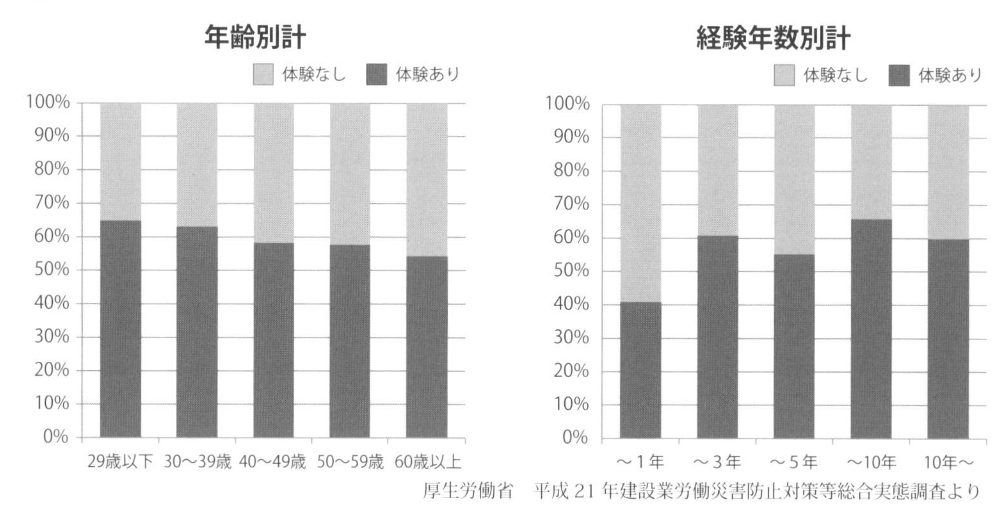

厚生労働省　平成21年建設業労働災害防止対策等総合実態調査より

皆さんも「曲がり角で人とぶつかりそうになった」、「上から物が落ちてきて当りそうになった」「何気なく荷物を持ち上げたら、腰にきた」など、日常生活や建設現場の中で、誰もがヒヤリとしたり、ハットした経験をもっているだろう。

このようなヒヤリ・ハットを一人ひとりの体験で終わらせないで、貴重な情報として、未然に災害を防止するために、同じ職場で働く仲間同士が対策を立て、実行していこうというのがヒヤリ・ハット運動である。

ヒヤリ・ハットしたことがあったら直ぐ職長に報告して、全員でその原因と対策を考える。現場でヒヤリ・ハットした事例をそのままにしておくと災害・事故に繋がる。ヒヤリ・ハット事例は、危険予知活動、作業手順の改善等に活用する。

建設現場におけるヒヤリ・ハット運動をどう進めたらよいか考えてみよう。

(2) ヒヤリ・ハットと災害防止

今から約 90 年前、先進工業国であったアメリカの安全技師ハインリッヒが事故調査の結果、重傷、軽傷、無傷害事故が発生する割合を調査し、「重症」以上の災害が 1 件あったら、その背後には 29 件の「軽傷」を伴う災害が起こり、300 件もの「ヒヤリ・ハット」した障害のない災害が起きていたこととなる法則を導いた（下図参照)。

ハインリッヒの法則

重　症（重大災害）：軽　症（中規模災害）：ヒヤリ・ハット（無災害事故）＝1：29：300

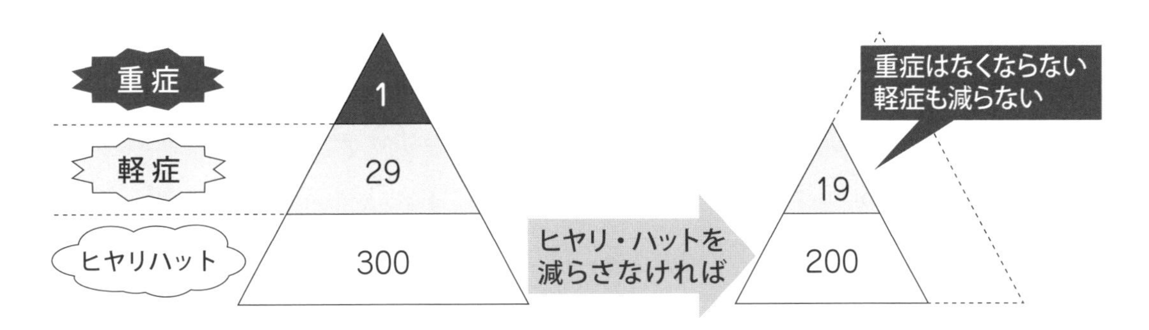

また、現場には数えきれない「不安全行動」と「不安全状態」が存在しており、そのうち、予防可能なものは「労働災害全体の 98％」あること、「不安全行動は不安全状態の約 9 倍の頻度」であることも分析で明らかにしている。

この法則から、ヒヤリ・ハットを防げば災害はなくせる、不安全行動と不安全状態をなくせば、事故も災害もなくせると導いている。

最近の事故・災害は、「手順の変更」、「非定常作業」、「スポット作業」、「搬出入・運搬時」など、いわゆる「作業手順のすき間」で多く発生している。もちろん、災害になる前兆のヒヤリ・ハットも同様である。

建設現場における具体的な事例で考えてみる。

事例１

脚立を使用し壁にサンダーがけ中、バランスを崩し、脚立とともに転倒した。この災害の直接原因は脚立が動いたためであるが、その背景には様々な危険要因があったことがわかる。

この場合、転倒しても負傷しなかったり、転倒しそうになったりするヒヤリ事故になることが考えられる。このように、ヒヤリ事故になるか、災害になるかは、多分に時の運に左右されることが多い。

ここで重要なことは、災害もヒヤリ事故も同じ危険要因から起きていることである。そのため、ヒヤリ・ハットをなくすには、危険要因に対して先に手を打つ必要があり、まさに危険予知活動と同じような安全の先取り活動といえる。

また、ヒヤリ・ハットは危険に対する感受性を鋭くする。

危険予知活動は、危険に対する感受性を高くするが、ヒヤリ・ハットは、たまたま運よく災害に結びつかなかったものの、作業員が恐ろしさを身にしみて感じた教訓だけに、その仲間全員で知ることは危険に対する感受性を鋭くする。

頭の中で考えた危険以外に「明日は我が身」と感じれば、切実感、迫力が違ってくる。

事例２

工事現場にダンプトラックが砂を搬入し、所定の場所に下ろすため、一旦車を止め、シフトを入れてバックしかかったところ、バックミラーに人が見えたので、あわててブレーキを踏み、事なきを得た。

ヒヤリとした本人は、ダンプトラックが止まったので、急いでアオリのレバーを外そうとして近づいた。

【発生原因】

①　人的要因：運転手の死角になる場所に入った（危険軽視）

②　人的要因：すぐアオリのレバーを外そうと、あわてて動いた（能率本能）

③　人的要因：後方の確認をしっかりせずにバックした（慣れ、悪習慣）

④　管理的要因：作業員と運転手との合図方法が決まっていなかった。

【対　策】

①　運転手の死角に入らない。どうしても入るときは声をかける。

②　あわてずに、まず状況を確認して行動する。

③　後方確認を確実にして、合図を出す。見えにくいときは合図者を配置する。

④　分かりやすい合図を行う（グーパー運動など）。

この場合、追突せず負傷しなかったのは、たまたまラッキーだっただけである。

（3）ヒヤリ・ハット運動の重要性を理解させる

①　この運動を進める上での課題

ヒヤリ・ハット運動では、様々なヒヤリ・ハットを集めて作業別などに分類し、同じような作業をするときに活用することが大切である。

そのためには、まず「どこで、どんなことが起こっているのか」という現状をつかむ必要がある。したがって、ヒヤリ・ハットを報告してもらわなければ始まらないわけであるが､なかなか出てこないのが現状である。なぜ出てこないのか。これは、次のよう理由が考えられる。

①　ヒヤリ・ハットメモの記入内容が多く、書くのが面倒である。

②　作業者がヒヤリ・ハットの重要性をわかっていない。

③　不安全行動による自分のミスを出すのは、恥ずかしい。

④　せっかく出しても、職長さんが嫌な態度をとる。

⑤　出したヒヤリ・ハットがどうなっているのか、処置されていない。

このように、ヒヤリ・ハットが貴重な体験に基づく情報でありながら、なかなか出てこないので、それを活かすことが難しい。一人ひとりが体験したヒヤリ・ハットをいかに出してもらうかが、ヒヤリ・ハット運動を進める上で大きな課題である。

ヒヤリ・ハットは、自分自身が経験したことを、皆に知らせてあげようという、職場の仲間同士の思いやりから生まれるもので、「自分達の職場の安全は自分達の知恵と手で守ろう」という気持ちが出発点になる。職長さんは、ミスをあえて報告してくる作業者へ思いやりの気持ちを持って接するとともに、報告されたヒヤリ・ハットに対しては、速やかに処置をとる姿勢を常に示すことが大切である。

②　ヒヤリ・ハットの趣旨を理解させる

なぜ、ヒヤリ・ハットを報告しなければならないのか、その根拠とヒヤリ・ハットの重要性について、作業員によく説明して理解してもらう必要がある。“ミスを知らせたくない”という自分を防衛する意識は誰もが持っている。また、職長がミーティング等で、自らのヒヤリ体験をまずさらけ出して模範を示すことが大切である。

（4）ヒヤリ・ハット運動を始めよう

①　報告用紙を準備する

どのような報告書にするかで報告の数を左右する。まず、できるだけ簡単に記入できるものを現場に準備する。次に「ヒヤリハット報告書」の例を示す。

ヒヤリハット報告書　例１

ヒヤリハット報告書	区分 Ａ・Ｂ・Ｃ	他班へ展開 要　否	現場名	
			報告日	年　　月　　日

下枠の中を書いて職長に提出してください

		簡単なマンガやポンチ絵で説明を（書けなければ、なくてもＯＫ）
い　つ		
だれが（だれと）		
どこで		
どんなことをしていたときに		
どうして		
どうなったか		

区分は
Ａ：大きなケガに結びつく可能性の高いもので、根本的な対策が必要なもの
（会社の安全担当者や元請社員にも参加してもらい検討する会を開く）

Ｂ：ケガをするかもしれないので、現場の仲間で検討したほうがよいと思うもの
（休憩時間や終了後に皆で話し合う会をもうける）

Ｃ：ケガの可能性は低いが、仲間に知らせて注意喚起しておいたほうがよいもの
（朝の TBM ／ KY で話題にしたり、休憩時間に紹介する）

職長は必要事項を記入して会社に提出してください

それでも書くことが苦手な人には、職長が作業者からヒヤリ・ハット体験を聞いて書いてあげるなど、いろいろ工夫して働きかけることも大切である（後述の「ヒヤリ・ハット体験板」や「週間ヒヤリ・ハット反省会」を参照のこと）。

参考として、もう一例のヒヤリ・ハット報告書（例２）を紹介する。これは、本人にヒヤリ・ハットの原因について考えてもらう事例である。

ヒヤリハット報告書　例2

ヒヤリ・ハット報告書

名前を出したくない時は、匿名でもＯＫです
書ける範囲で記入してください

報告者　所属：

氏名：

年齢・性別	歳　男・女	職種		請負形態	次
役　割	職長・作業員	経験年数	年	入場日数	日目
い　つ					
どこで					
どんなことがありましたか？ 設備がどんな状態でしたか？ なるべく具体的にお願いします					

※発生状況は、できるだけポンチ絵や略図でわかりやすくお願いします。絵は裏面を使っても結構です。

このヒヤリ・ハットは、次の原因のどれに該当すると思いますか？該当欄に○を、複数の時は、一番該当するものに◎をつけてください。該当するものが無いときは、「その他」に記入してください。

	原因	具体的な原因の説明	該当欄
このヒヤリ・ハットの原因は	無知・不慣れ	知らなかった、中途半端な理解、慣れていないなど習熟度が不足しているために起こしてしまうもの	
	経験・教育不足	経験による技術を習得できていない、教育等で知識や理解が出来ていないために生ずる作業	
	危険軽視・慣れ	慣れによる安易な動作、行動　うっかり・ぼんやりして危険を軽視した動作、行動によるもの	
	悪習慣・集団心理	決めたルールや手順の意図的な無視、周りがやっていない、守っていないので自分もやらない等の不安全な行動	
	近道行動・省略行為	楽をしよう、効率性を優先させようなどの感覚でやってしまう、不安全な行動によるもの	
	能率本能	安全を無視した効率優先作業、コスト優先の作業	
	場面行動	集中していて周りの状況が見えない、気がつかない	
	パニック	非常に驚いたり、慌てたりしたときに起こす動作、行動（通常とは違う反応をしてしまう）	
	錯覚	見間違いや聞き違いによるもの、思い込みや勘違いによるもの	
	中高年の機能低下	本人が自覚の無いまま年齢による体力や視力、聴力等の衰えによって起こしてしまうもの	
	病気・疲労	病気、疲労、急性中毒などで体力が低下している状態で、注意力が散漫になったり、力が入らなかったりして起こすもの	
	意識レベルの低下	単調な作業の繰り返しで「ぼんやりしていた」「うっかりしていた」などの注意や意識が散漫になり起こすもの	
	イライラ・心配事	心配事や不満がありイライラしているときなど、「心ここにあらず」の状態になっているときに起こすもの	
	その他		

②　報告の内容は具体的に

ヒヤリ・ハット報告書は、記入しやすいようにできるだけ簡素化したものを使用するが、中身の内容は、具体的でなければ適切な再発防止策が実施できない。職長は、本人には自分の思ったことを自分の言葉でわかりやすく思いつくままに書くよう指導すること。

③　最初は質より量が大切

開始当初は、ヒヤリ・ハット運動に慣れるためにも、質より量を心掛けてたくさん出してもらうことから始めよう。どのように進めていくかを知ることが大切で、みんなでやっていく雰囲気作りをすることが肝心である。

事例を人より多く提出してくれる人は、安全の感受性が高い人なので、職長はそのような人を盛り立てて、運動を進めていくと上手に展開できると思われる。

④　ヒヤリ・ハットの対象範囲を広げる

ヒヤリ・ハットは誰にでもあるとはいえ、１つの現場でそれほど多くは体験しないと考えられる。より出しやすくするためには、直接的なヒヤリ・ハット体験だけでなく、ヒヤリ・ハットの対象の範囲を広げて仮想的なヒヤリ・ハットまで考えてみる。

これは、作業中にハッとして気がついて止めたことも含めて、“もしかしたら、ひょっとしたら、こんなことになるかもしれない”という想像のヒヤリ・ハットである。

例えば、作業中や移動中に危ないと思ったことや、このまま放っておいたら災害になりそうだということである。

事　例

ある土木現場で出た声

① 安全通路を通らず近道をした。

② 開口部作業で安全帯を使用しなかった。

③ 物を持ってはしごを昇降した。

④ エンジンを切らずに運転席を離れた。

⑤ 開口部の手摺りを一時取り外した後、復旧しなかった。

⑥ 接触しやすい鉄筋端部への養生がしていない。

⑦ 電気ドリルに届出済証のワッペンが貼られていない。

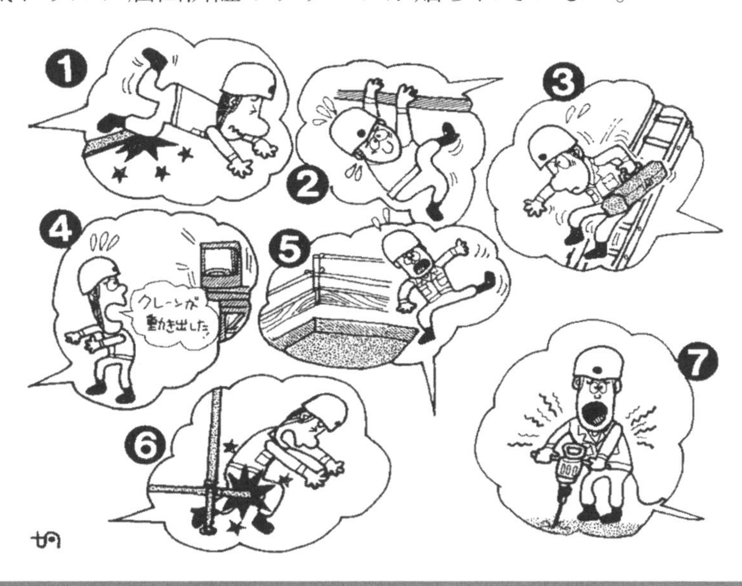

いずれも作業をする上で基本的なことばかりであるが、その他にも現場で決められたルールや作業手順が守りにくい、あるいは作業環境や整理整頓などの不備も仮想的なヒヤリ・ハットの対象として考えてみることである。

(5) 体験板の利用や反省会で成果をあげる

① ヒヤリ・ハット体験板で書くことを少なくする

誰でも、書くことが多ければ面倒くさいと思うのは当然である。そこでいろいろ工夫して書くことを少なくすれば出しやすくなる。

ある建築現場では、次のような工夫でヒヤリ体験の声を集めた。

事　例

ヒヤリ・ハット体験板の利用

ヒヤリ・ハットで出されそうな多種類の事項を予め洗い出し、特に多いと思われることをマグネットプレートに書いて用意しておく。作業者がヒヤリ体験をその日のうちに、それが書いてあるプレートをホワイトボードの体験板の所定位置に貼り付ける。

この体験板には、1階の平面図が書いてあり、そこに階数、体験内容のプレートを貼る。貼るプレートは、墜落に関するものが赤色で、その他のものが黄色のプレートを使用し、貼られた場合には、例えば「安全通路に物があってつまずいた」と誰かがプレートを貼れば、その階の責任者である職長さんが現地を確認し、材料を置いた作業者に片付けてもらう。

体験板に貼るものには、身の回りの小さな出来事、例えば“足場板のゴムバンドが外れていた”、“足場のブレースがなかった”、“手摺りがぐらついていた”といったものもある。

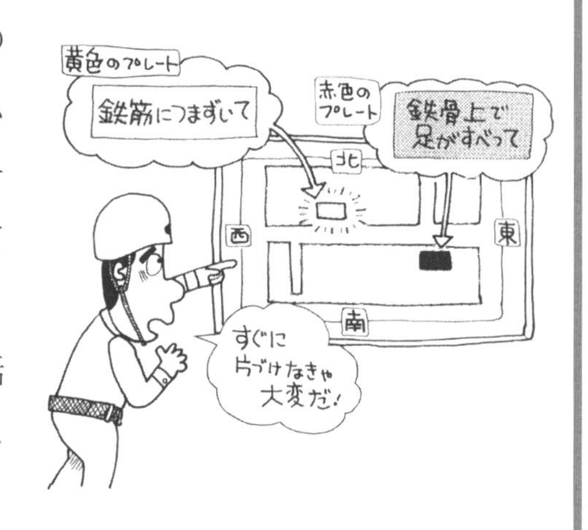

このような方法だと、書くことも話すこともいらないので、誰にも相談しないでパッと貼られるわけである。

この体験板を利用してから、ちょっとしたつまずきなどでも自分から進んで何回も貼ってくれるようになった。自分がヒヤリとしたり、ハットしたことのプレートを見つけ出し貼るだけなので、誰でも簡単に利用できた。

現場の中での大きなことは誰でも気がつくが、小さなことは表に出にくい面があるので、作業の身近にある危ないことを貼ってもらった。

②　定期的な反省会を開く

ヒヤリ・ハットメモを使用して集めようとしても、自主的にはなかなか出してくれない場合がある。そのようなときには作業者全員に集まってもらい、その場で聞き出すことも必要である。

事　例

「週間ヒヤリ・ハット反省会」の実施

ある土木現場では、１週間に１回、作業者全員に集まってもらい、ヒヤリ・ハット反省会を開いた。これは、ヒヤリ・ハットメモがなかなか出なくなったことへの見直しとして、予め、ヒヤリ・ハットに関する具体的事項を書いた用紙を全員に配布し、１週間の中で体験したヒヤリ・ハットを思い出しながら、該当する番号を記入してもらう簡単な方法に工夫したものである。

(6) ヒヤリ・ハットの検討

①　危険度の少ない報告

ケガをする可能性は少ないが、条件によってはケガをする心配があるもので、このランクの報告は、現場の仲間に周知し、注意を喚起するものである。

この場合は、わずかな時間でできるため、例えば、職長が朝のミーティング時に、昨日発生したヒヤリ・ハットを紹介し、皆で話し合い、同じヒヤリ・ハットを起こさないよう確認し合うこと。その他でも、休憩時間や昼食時、帰りのバスの中など、様々な機会を見つけて実施できる。

②　危険が伴った報告

この報告のランクは、もしかするとケガをするかもしれない、したかもしれないもので、現場のみんなで検討したほうがよいものである。報告書に基づいて全員で反省会を行い、ヒヤリ・ハット事例の奥にある背景や原因を話し合うこと。

③　危険と判断した報告

大きなケガに結びつく可能性が高い、放っておくと災害になると判断した報告で、根本的な対策・解決策が必要なものである。このようなときは、自社の安全担当者や元請の人にも参加してもらい、検討する必要がある。

このような報告の再発防止策は、他現場の仲間にもコピーの配布や安全協議会等を活用して、水平展開を図ること。

（7）ヒヤリ・ハット運動を危険予知活動に組み込む

①　ヒヤリ・ハット運動と一体で推進

危険予知活動もヒヤリ・ハット運動も毎日の作業の中にある危険要因をなくすことにつながるわけであるから、危険予知活動と一体となって進めることが効果的である。

事　例

危険予知活動を見直す

毎日の作業の中で発生するヒヤリ・ハット事例を洗い出し、隠された危険要因を分析して危険予知活動に取り組んだ土木現場の事例である。

ヒヤリ・ハットメモを使用して、２週間の間、ヒヤリ・ハットを集め、発生の傾向を分析し、これをもとに要因を分析したところ、ヒヤリ・ハット事例が多く出ていたにもかかわらず、危険予知活動では一部の要因にだけに偏っていることがわかった。

要因の中で､特に多いものを危険予知活動に組み込んで実施したところ、

その後のヒヤリ・ハット件数は減ってきた。作業者の安全意識が高揚して不安全な行動が少なくなったことがわかった。その後も定期的にヒヤリ・ハットを収集・分析し、危険予知活動に活かした。

この事例では、現状の危険予知活動を見直すことに着目したわけであるが、その他にも毎日の危険予知活動の際に、前日のヒヤリ・ハットをその場で出してもらい、それをその日の危険予知活動のテーマにして活かしている現場もある。

この場合は、前日に体験した生々しい出来事なので、仲間にも自分のこととして受け入れやすいといえる。

②　危険予知活動の効果

危険予知活動の目的は、「労働災害の防止」である。

この活動を毎日繰り返し実施することで、次のような効果が期待できる。

a．作業員の安全に対する参画意識が芽生える。

b．危険に対する感受性や集中力が高まる。

c．問題解決力が向上する。

d．安全対策を自分で決定し、自分で実施することから責任感が強くなり、良好な安全管理ができる。

危険予知活動は、毎日繰り返すことが大事!

（８）体験者との対話で心をつかむ（作業員へ指導・教育をする）

ヒヤリ・ハット情報を活用すると、作業員に対して説得力のある効果的な指導、教育ができる。

・ヒヤリ・ハット体験者との対話を行う

報告されたヒヤリ事例をもとにして、対話の機会を設けて話し合うことも大切である。ヒヤリ報告があったときは、作業員への指導の好機でもある。この場合、思いきって自分のミスをさらけ出してくれた作業員の勇気と気持ちを傷つけないことが大切である。

「なぜ」は禁句と心得て、励ますことも忘れない。対話で相手の心をつかむことになれば、やる気が出てヒヤリ・ハット運動に協力する姿勢が向上することになる。

事　例

ヒヤリ・ハットシートを作成する

ある会社では、それぞれの現場で出されたヒヤリ・ハット情報を集め、その発生傾向を分析して層別し、事例イラストに再現して指導・教育の資料に活用している。

このようにヒヤリ・ハットを数多く集めることができれば、発生の傾向が分析できる。

また、数が集まらなくても発生状況をイラストで表すことができれば、体験者以外の作業員にも情報をわかりやすく伝えることができる。

この場合、１つの現場だけでなく、会社全体の運動として捉えることができると、作業の種類ごとにイラスト化することにより活用の範囲はずっと広がる。

6-8 災害事例から学ぶ

(1) 災害事例研究の目的

災害事例研究は、実際に発生した災害事例を検討し、有効な災害防止対策を樹立していく手法である。その災害が発生した原因・問題点を把握し、作業方法、設備・機械・保護具等を創意工夫しながら改善を図っていくことになる。

災害事例研究の目的は、次のとおりである。

① 災害発生の原因について調査・分析し、的確な防止対策を見出し、同種災害、類似災害を未然に防止する。

② 誰が災害を発生させたかではなく、何が真の原因かを明らかにする。

③ 災害発生状況、事実の確認、問題点の発見・分析、原因の特定、対策樹立の一連の過程を通じて、災害防止に対する正しいものの見方、考え方の理解を深め、安全衛生管理活動へと結びつける。

(2) 災害事例研究

① 伐採作業での激突災害

【災害発生状況】

本災害は、進入路を作るための笹刈り作業において、作業員Aが先頭に立って草刈機を使って笹刈り作業をし、作業員B（被災者）はその後方から笹刈りが残していった立木をチェーンソーで伐採する作業をしていた。

職長Cは、作業を開始する

前にＴＢＭで草刈機とチェーンソーについて取扱い上の一般的注意をして作業に入らせたが、作業開始後１時間くらい経過したところで、草刈機が胸高直径20cmの立木に当たり、その反動で草刈機が後方に振られ、後方（1.5 m）で立木を伐採していたＢの頭部に当たり受傷した。

【災害の原因】

この災害の原因は、作業員に対する指導・教育面から考えてみると、作業員Ｂは近づいてはならない「危険場所へ接近」（草刈機の回転範囲内）するという不安全行動をしており、職長Ｃの指導教育に不十分な点があったように思われる。

すなわち、

ａ．作業員ＡとＢとの間に安全な距離を保つことについて、草刈機の反動による危険を十分説明して、具体的に何メートル以上の安全距離を取るよう教えるべきであった。

ｂ．「作業中の監督指示」にも関連するが、職長Ｃは作業中巡視をし、不安全行動を発見した場合には作業を中止させ、指導教育すべきである。

以上のように、作業員に対する指導教育は、危険である理由を具体的に説明し、納得させ、さらに作業中の監督指導を適切に行うことにより徹底を図ることが必要である。

②　重機による挟まれ災害

【災害発生状況】

ビル建築現場において、油圧ショベルで土砂をトラックに積み込んでいた。被災者は、建物の壁に立てかけておいたスコップを取りに行こうとして、壁の方へ近づいたところ、旋回してきた油圧ショベルのカウンターウエイトと壁の間に挟まれた。

【災害の原因】

a．作業中の油圧ショベル周辺に立入禁止措置がされていなかった。

b．被災者が油圧ショベルの作業範囲内に進入した。

c．オペレーターは被災者が右後方から油圧ショベルに近づいたため、死角となり気がつかなかった。

d．被災者が油圧ショベルの旋回速度の速さを考えなかった。

【同種災害を防ぐための対策】

a．確実に立入禁止措置をする。

b．作業員に、「油圧ショベルの作業範囲内へ入らないこと」および「油圧ショベルの旋回速度が速いこと」を周知徹底させる。

c. 作業が1箇所に集中して重なったときには誘導員を配置する。

d. 機械の据え付け場所をよく考える。

この原因と対策は上記のとおりであるが、この災害事例から学び取れるのはこれだけだろうか。ヒューマンエラーによる災害を防止するための手立てを探るため、災害原因を更に掘り下げてみよう。

a．なぜ危険個所に立ち入ったのか？

被災者はなぜ油圧ショベルの作業範囲内へ立ち入ったのか。その可能性は次の３点に大別できる。

パターン１	重機関連の危険性について知識が不足している。この場合、安全教育を通じて危険に対する感受性を高めることが必要である。
パターン２	危険と認識していたが、あえて危険を犯して立ち入る。 不安全行動といわれるケースであるが、個々人の作業態度が大きく影響するため、改善には粘り強い取り組みが必要となる。
パターン３	危険に対する知識もあり、作業態度も問題がないのに　立ち入ってしまう。 この場合、「うっかりしていた」、「別のことに気を取られていた」といったことが多い。災害に至るまでに様々な要因が複雑に関連しており、再発防止のための対応も困難なパターンであるといえよう。

こうした災害パターンに関して効果的な対策を立案するには、「気をつけろ」といった注意喚起だけでは十分とはいえない。人間の視野や視野の変化に影響を及ぼす要因、人間の注意の働きなどについて考慮し、安全教育の内容に取り入れるべきだろう。

そして、どのような条件・状況のもとで、どのようなエラーが生じ、どのような結果に繋がるかを理解させることが必要である。

b．なぜ重機の立入禁止措置が必要なのか？

立入禁止措置が必要な理由はつぎのとおりである。

・オペレーターはどこを見て掘削機を操作しているかというと、一連の操作時間の63％はバケットを注視しながら操作が行われていたという実験結果がある。操作レバーの入力を微妙に加減するためには、バケットへの注視割合が最も高くなるものと考えられる。このことから、重機の一つひとつの操作ごとに周囲の安全確認が欠かさず行われているとは限らないのである。

・重機が大型になるほど死角範囲が大きくなり、特に機体の直近位置では、目視による確認そのものが不可能な場合が多い。

・クレーンと比べて、油圧ショベルの旋回速度は非常に速い。例えば、最大掘削半径 10 m・12 回転／分の能力をもつ油圧ショベルがフルにその能力を発揮したとき、バケット外周部の最大速度はどのくらいになるのか？

　なんと、秒速 12.5 mにも達する。「アッ」と思ったときは、もう手遅れということになる。

　だからこそ、作業中の重機に安易に近づくことは危険であり、バリケードやカラーコーンによる立入禁止措置や誘導者の配置が必要となる。

③　移動式足場（ローリングタワー）からの墜落災害

この災害事例は、スポット作業、いわゆる「作業手順のすき間」で発生した災害である。この「すき間」対策は、ぜひ職長に取り組んでもらいたい重要課題の１つである。

【災害発生状況】

完成間近の点検で、蛍光灯が１箇所点灯しなかったため、職長から交換するように指示を受けたベテランＡさんは、高さ３ｍの移動式足場上で蛍光灯を交換する作業中、手すりから身を乗り出して作業を行い、バランスを崩し墜落、負傷した。

足元には資材があり、そのままでは足場が近づけなかった。

【背　景】

職長は資材があることを知っていたが、「交換しておいてくれ」とだけの簡単な指示だった。

【災害の原因】

ａ．資材の片付けが面倒で、足場が交換する蛍光灯の真下にない。
（省略行為・能率本能）

ｂ．すぐ終わるので、安全帯を移動式足場に掛けていなかった。
（危険軽視、悪習慣）

ｃ．手すりから身を乗り出しての作業を行った。

（危険軽視、悪習慣）

ｄ．職長はあいまいな指示を出した。ベテランなので自分で状況判断できると思った。

（慣れ、悪習慣）

【同種災害を防ぐための対策】

ａ．安全な適正作業ができるように、資材の片付けをまず行う。

（リスクの低減）

ｂ．移動式足場上では必ず安全帯を使用する。

（すぐ終わること＝危険ではない、とはならない）

ｃ．手すりから身を乗り出す等の不安全行動をしない。

（決められたルールを守る）

ｄ．職長はまず状況を確認して、作業や危険のポイントを指示する。

（スポット作業こそ手順が不明確、ない場合がほとんど）

「手順の変更」、「スポット作業」は、現場の日常でよく見かける光景である。これらの作業をよく見てみると、「作業手順やルールがない」、「指示があいまい」、「危険の認識も薄い」などヒヤリ・ハットや災害につながる多くの危険要因が潜んでいる。「何気ない作業にも危険が潜む」ことを、今一度、職長は作業員に指導徹底しなければならない。

このようなスポット作業などのときは、①安全ポイントの指示を出す、②「あわてず、よく見て状況を確認する」など、作業員にひと声かけをするだけで、危険要因の半分はなくせるのではないだろうか。

作業手順やルールはないが重要だと思う作業は、ミニ手順書などを作成して、作業員に周知徹底を図ることが必要である。

（3）作業手順のすき間で発生した災害事例と職長への一言

スポット作業、いわゆる「作業手順のすき間」で発生した災害と対策を次に9事例紹介するので、参考にして頂きたい。

災害事例　①　開口部養生のフタを移動しようとして墜落した

<table>
<tr><td>災害発生概要図</td><td colspan="2"> </td></tr>
<tr><td>災害発生状況</td><td colspan="2">既設倉庫の２階で塗床作業の準備中、開口部養生の開口フタ（50kg）の移動を２人で行っていたところ、１人が開口部（W＝700、L＝3,750mm）から 7.5 m 下の１階スラブに墜落した。</td></tr>
<tr><td colspan="2">主なる発生原因</td><td>防止対策</td></tr>
<tr><td>人的要因</td><td>1. 墜落防止措置が実施されていないのを確認せずに、開口部養生フタを撤去した。
2. 重量のある開口部フタを２人で撤去しようとした。</td><td>1. 墜落の危険がある場所での作業は、必ず墜落防止設備の有無と安全性を確認する。
2. 重量物は適正な人数で撤去作業を行う。</td></tr>
<tr><td>物的要因</td><td>開口部に親綱と安全ネットを先行して設置するよう、職長から指示を受けていたが、設置していなかった。</td><td>職長の指示に従い、墜落の危険がある場所では、穿孔して親綱、安全ネットの設置を行う。</td></tr>
<tr><td>管理的要因</td><td>開口部養生フタの撤去に係る作業手順が作成されていなかった。</td><td>詳細な作業手順を作成し、作業員への周知と順守を徹底する。</td></tr>
<tr><td>職長への一言</td><td colspan="2">・塗床作業の標準的な作業手順書には、塗床作業前の準備作業として、材料等の運搬、片付け作業、清掃作業等について記載されていますが、事例のような作業は往々にして作業手順がない場合があります。事例のように開口部があれば、開口部養生の作業手順を入れて、全員に周知の上、作業する必要があります。
・開口部養生作業の標準的な手順書をもとに、現場の環境等に即した独自の手順で作業を行うようにしてください。</td></tr>
</table>

災害事例　②　可搬式作業台から墜落し、左足首を骨折した

<table>
<tr><td>災害発生概要図</td><td colspan="2">
</td></tr>
<tr><td>災害発生状況</td><td colspan="2">ビル新築工事の３階において、30 年の左官の経験をもつ被災者は、可搬式作業台（高さ 1.2 m）に乗って、１人で天井面の左官仕上げの補修作業を行っていた。最後の補修箇所が可搬式作業台端部より手を伸ばせばぎりぎりのところだったので、可搬式作業台を動かさずにそのまま無理な体勢で作業を続けた。
被災者は天井面を向いて集中して作業していたところ、バランスを崩して可搬式作業台から墜落し、左足を負傷した。</td></tr>
<tr><td colspan="2">主なる発生原因</td><td>防止対策</td></tr>
<tr><td>人的要因</td><td>1. 無理な体勢になることが分かっていたにもかかわらず、可搬式作業台本体を移動しなかった。
2. 無理な体勢での作業を過去何度も行っていたので、今回も大丈夫だと思っていた。</td><td>1. 作業位置に合わせ、こまめに足場を移動して作業を行う。
2. 慣れによる過信がないように、毎日の危険予知活動で危険を確認させ、安全な措置を必ず実施することを徹底させる。</td></tr>
<tr><td>物的要因</td><td>補助手すりが付いていないことを巡視で確認していない。</td><td>端部に補助手すりを取付け、端部を認識しやすくする。</td></tr>
<tr><td>管理的要因</td><td>可搬式作業台の使用方法の教育が不足していた。</td><td>可搬式作業台を使用する作業について、危険感受性を高めるための安全教育を実施する。</td></tr>
<tr><td>職長への一言</td><td colspan="2">・経験年数が長い作業員は、慣れにより危険を軽視する場合があり、それが省略行為へとつながっていきます。日々、新しい感覚で危険に対する対策を考え、実行していくことを作業員に徹底していくことが大事です。
・危険予知活動の実施事項と違う作業状況を見つけたら、その場で注意しましょう。</td></tr>
</table>

災害事例　③ ユニック車で過荷重の鉄筋を吊り、車体が転倒して手すりに挟まれる

<table>
<tr><td>災害発生概要図</td><td colspan="2">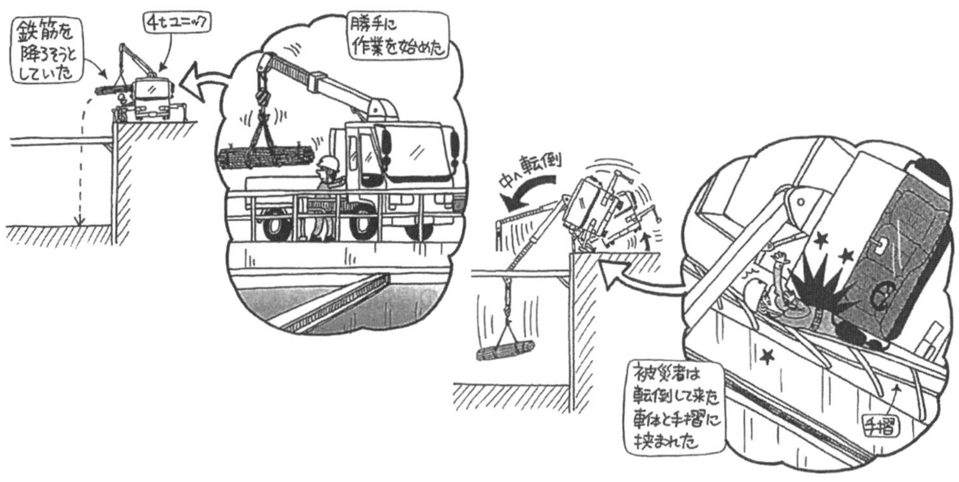
</td></tr>
<tr><td>災害発生状況</td><td colspan="2">仮締切内（高さ 6.7 m）に、翌日組み立てる鉄筋を４ t ユニック（つり上げ荷重 2.93 t ）で降ろそうとしたところ、過荷重によりユニック車が転倒し、操作者が車体と手すりに挟まれて被災した。この作業は誰も指示しておらず、勝手に作業を行った。</td></tr>
<tr><td></td><td>主なる発生原因</td><td>防止対策</td></tr>
<tr><td>人的要因</td><td>1. 予定外作業を行った。
2. 運転者の操作位置が不適切であった。</td><td>1. 予定外作業を行う場合は、元請の承認を得てから作業する。
2. 万が一、ユニック車が転倒あるいは荷振れがあっても危険が及ばないよう、操作位置を十分検討したうえで設置する。</td></tr>
<tr><td>物的要因</td><td>空車時定格荷重を超える荷を吊って旋回した。</td><td>定格荷重を超える作業は行わない。
また、つり荷資材の荷重表をユニック車に掲示し「見える化」を図る。</td></tr>
<tr><td>管理的要因</td><td>ユニック車の作業手順がなかった。</td><td>４tユニック車の使用に関する作業手順書を作成し、使用制限をルール化する。</td></tr>
<tr><td>職長への一言</td><td colspan="2">・積載型トラッククレーン（ユニック車）はクレーン付きの運搬車両のため、様々な職種で使用されています。また、移動式クレーンは元請が作業に合わせて準備しますが、ユニック車は専門工事会社が保有して現場で使用するケースがほとんどだと思います。
・職長が定期自主検査や作業前の点検整備を行うとともに、つり荷の荷重と定格荷重表を確認して作業を行ってください。また、リミッターを解除して使用することのないよう徹底させてください。
・１人作業は危険ですので、必ず合図者や玉掛者を配置して作業するようにしましょう。</td></tr>
</table>

災害事例　④ 経験未熟な作業員が丸のこ歯に接触し、左足大腿部を被災した

	主なる発生原因	防止対策
災害発生概要図		
災害発生状況	被災者は携帯用丸のこ盤を使用して角材（長さ50cm、縦・横ともに5cm）の加工作業を開始した。携帯用丸のこ盤を手に持って作業していたところ、携帯用丸のこ盤が反発し、はずみで左足大腿部に回転している丸のこ歯が接触し、病院に搬送されたが、出血性ショックを起こし亡くなった。 なお、携帯用丸のこ盤の持ち込み時の点検で、持ち込み許可証は貼ってあったが、その後の作業で安全カバーが破損したと思われる。日常点検記録なし。	
人的要因	携帯用丸のこ盤と角材を手に持って、不安定な状態で作業を行った。	切断材は受け台や加工台の上に万力などでしっかり固定してから切断作業を行う。
物的要因	携帯用丸のこ盤の歯の接触予防装置（安全カバー）が正常に作動せず、歯がむき出しの状態であった。	歯の接触予防装置は、必ず作動できる状態にして作業する。 作業開始前に点検し、また定期的に点検・整備しておく。
管理的要因	携帯用丸のこ盤の安全教育がされていなかった。	携帯用丸のこ盤に関する安全教育を実施する（特別教育に準じた教育）。
職長への一言	・職長は、どのような資格が必要なのか、誰が保有しているのかを普段から調べておくことが必要です。 ・電気工具・器具は、誰もが容易に、見よう見まねで使用することができますが、安全な使用方法は教育・指導しないと、間違った使用方法、安全措置を怠り、被災する事案が多く報告されています。なお、「携帯用丸のこ盤」を使用する作業員には特別教育に準じた教育をしなければなりません。 ・臨時の作業を指示する場合も、横着せず、手を抜かず、職長は安全な作業方法を具体的に示し、作業員の経験や能力に応じた指導を行うことが大切です。	

災害事例　⑤ 新規入場者がパイプサポートの中を通り抜けようとして転倒し被災

<table>
<tr><td>災害発生概要図</td><td colspan="2">
</td></tr>
<tr><td>災害発生状況</td><td colspan="2">集合住宅新築工事現場で、朝礼後に仲間と作業場所へ移動中、職長が携帯用丸のこを詰所に忘れたので、被災者（新規入場者、若年者）に取ってくるように指示した。
被災者は詰所に戻り、携帯用丸のこ２台を持って仲間に追い付こうと、近道になる他社施工の立入禁止場所のパイプサポート内に立ち入り、床の鉄筋につまずき転倒し、被災した。</td></tr>
<tr><td colspan="2">主なる発生原因</td><td>防止対策</td></tr>
<tr><td>人的要因</td><td>1. 職長の指示が、「携帯用丸のこを取ってくるように」のみで、その後の指示がなかった。
2. 被災者は、仲間に遅れまいと近道になる立入禁止場所へ立ち入った。</td><td>1. 職長は、具体的な作業指示、安全に関する事項も忘れずに話し、指示事項の確認または復唱させる。
2. 立入禁止と指定された場所へは、指定した者の許可なく立ち入らない。</td></tr>
<tr><td>管理的要因</td><td>被災者には、新規入場者教育を行っていなかった。</td><td>新規入場者には、担当場所、作業内容、現場の安全ルール、立入禁止場所等、配置する前に新規入場者教育を行う。</td></tr>
<tr><td>職長への一言</td><td colspan="2">新規入場者による労働災害の発生率は高く、それもほとんど１人作業、単独行動中に起きています。新規入場者は現場の様子、危険個所、現場の安全ルール等をよく理解していません。新規入場者には、現場の安全ルールなどをしっかり教育するとともに、単独行動をさせず、２人以上で作業・行動するように指導してください。</td></tr>
</table>

災害事例　⑥　コンクリート腰壁の解体作業中、腰壁が倒壊し挟まれる

<table>
<tr><td>災害発生概要図</td><td colspan="2">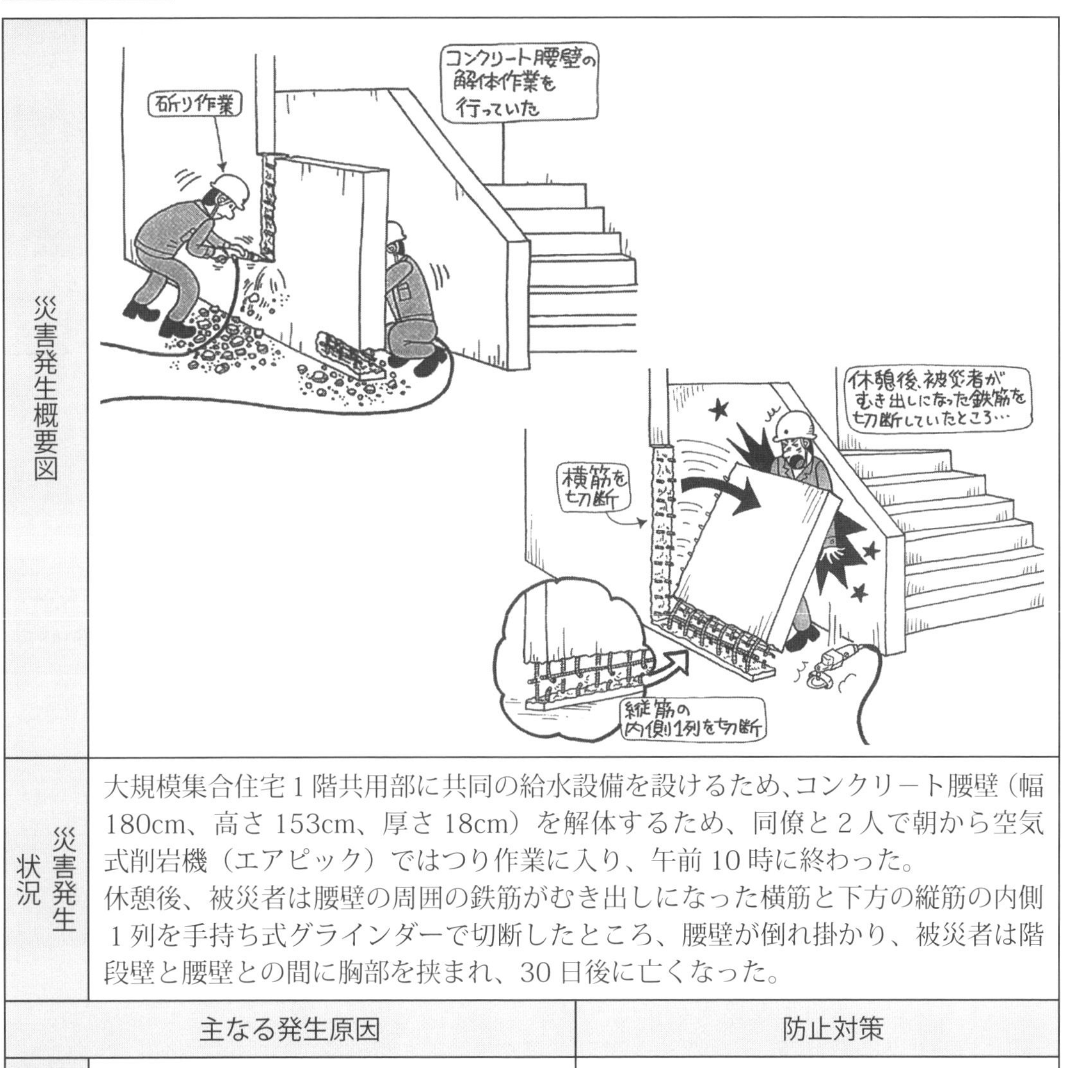
</td></tr>
<tr><td>災害発生状況</td><td colspan="2">大規模集合住宅1階共用部に共同の給水設備を設けるため、コンクリート腰壁（幅180cm、高さ153cm、厚さ18cm）を解体するため、同僚と2人で朝から空気式削岩機（エアピック）ではつり作業に入り、午前10時に終わった。
休憩後、被災者は腰壁の周囲の鉄筋がむき出しになった横筋と下方の縦筋の内側1列を手持ち式グラインダーで切断したところ、腰壁が倒れ掛かり、被災者は階段壁と腰壁との間に胸部を挟まれ、30日後に亡くなった。</td></tr>
<tr><td></td><td>主なる発生原因</td><td>防止対策</td></tr>
<tr><td>人的要因</td><td>具体的な腰壁の解体方法、手順を周知しないまま作業を行った（安易に縦筋の内側1列を切断した）。</td><td>職長は、安全な解体方法（鉄筋の切断順序、倒す方法など）を作業手順書に定め、作業員に周知する。</td></tr>
<tr><td>管理的要因</td><td>作業手順の順守や腰壁倒壊の危険とその防止対策等の教育を実施しておらず、作業中の巡視、確認も行っていなかった。</td><td>職長は、作業中に作業場所を巡視し、作業手順に沿って作業が進められているか、安全対策を行っているか等を確認し、必要な指導を行う。</td></tr>
<tr><td>職長への一言</td><td colspan="2">・単純作業ほど安易に考え、対策にあるようなことを面倒くさがり、部下は同様な作業の経験者と勝手に思い込み、作業手順を作成せずに口頭だけの指示をしていませんか。
・単純な作業でも危険はあります。作業員を集め、簡単な絵や図面を使って、配置・役割、作業手順、作業方法を具体的に指示しましょう。</td></tr>
</table>

災害事例　⑦　鉄筋加工ヤードで、鉄筋束が崩れ挟まれる

<table>
<tr><td>災害発生概要図</td><td colspan="2"> </td></tr>
<tr><td>災害発生状況</td><td colspan="2">鉄筋加工ヤードで、数本使用した鉄筋束を再結束せずに玉掛けして、クレーンで移動し最下段に置き、その後は結束されている束を３段積み上げた。20分後、そばで施工していたくい打ち機の振動により荷崩れを起こし、横でくい鉄筋加工用レールのレベル調整作業中の作業員の左肩に崩れ落ち被災した。
現場ルールでは、鉄筋束の積み上げは３段までとされていたが、スペースの関係で仕方なく４段積みとしてしまった。</td></tr>
<tr><th></th><th>主なる発生原因</th><th>防止対策</th></tr>
<tr><td>人的要因</td><td>1. ４段積みでも崩れるとは思わなかった（ルール無視）。
2. 最下段に未結束の鉄筋束を置いた（危険軽視）。
3. 未結束の鉄筋を結束せずに玉掛けした（省略行為）。</td><td>1. 現場ルールに基づき３段までとする（ルールを守る）。
2. 結束されていない鉄筋束は結束した後、積み上げる。
3. バラ物は結束してから玉掛けする。</td></tr>
<tr><td>管理的要因</td><td>1. 移動後の配置計画が不十分であった。
2. 移動に関する作業手順書がなく、作業員に手順を周知していなかった。</td><td>1. スペースと搬入する資材の量等を勘案し、配置計画を作成する。
2. 本作業以外でも、必要に応じて作業手順書を作成し、作業員に周知徹底する。</td></tr>
<tr><td>職長への一言</td><td colspan="2">・鉄筋加工ヤードの移動に際し、結束を解いた鉄筋束を再度結束することなく最下段に配置し、その上に積み上げたことが荷崩れの大きな原因です。
・くい鉄筋の移動について作業手順書はありませんでした。本作業以外の作業手順は作成がおろそかになりがちですので、準備作業や、本作業と本作業のすき間についても作業手順の作成をお願いします。
・なお、この災害は「結束しない」という省略行為も含まれています。細かい作業についても、判断ミス、手抜き、省略のないよう指導をお願いします。</td></tr>
</table>

災害事例　⑧　コンクリートの破片が左目に当たる

災害発生概要図	
災害発生状況	くい基礎によるくい頭処理のコンクリートはつり作業をブレーカーにより行っていた。はつり工として20年の経験を持つ被災者は、その手元としてガラ片付けを行っていた。 作業手順では、はつり作業後にガラ片付けを行うことになっていたが、終業時間が迫っていたため、はつり作業中にガラ片付けを始めてしまい、はつりガラが目に当り被災した。被災者は保護メガネを使用していなかった。

	主なる発生原因	防止対策
人的要因	1. 被災者は、はつり作業と片付け作業を同時に行っても大丈夫だと思った（危険軽視、慣れ、能率本能）。 2. 被災者は終業時間が迫っていたためあせっていた。	1. 作業手順通りの作業をしていないことに気づいたら、声を掛け合い、注意しあうという指導をする。 2. 終業時間が迫っていても、作業手順どおり作業を実施することを徹底する。
物的要因	被災者は保護メガネを使用していなかった。	目に異物が入るおそれのある作業の場合は、必ず保護メガネを使用する。

職長への一言	・人はあせった状態になると、危険を軽視し、近道行動や省略行為に走りやすくなります。職長はこのような不安全行動について指導するとともに、監視強化することが必要です。 ・また、作業に伴う適正な保護具の使用も教育していくことが大事です。

災害事例　⑨　柱筋切断後、滑り落ちた柱筋が同僚の左足に当り負傷した

<table>
<tr><td>災害発生概要図</td><td colspan="2">
</td></tr>
<tr><td>災害発生状況</td><td colspan="2">柱筋（D29　L＝3m　W＝15kg）を切断し、圧接位置を手直しする作業において、鉄筋工Aは左手で柱筋の高さ約1.5mのところをつかみ、右手でガス切断をしていたが、上方が重く支えきれなくなり、斜めに柱筋を滑り落とし、柱筋の反対側にいた被災者（鉄筋工B）の左足甲に当り負傷した。
職長からは、鉄筋工Bが柱筋を支えて、鉄筋工Aが切断するよう指示されていたが、被災者（鉄筋工B）がその場を離れていたため、鉄筋工Aが勝手に一人で切断を行い、戻ってきた被災者が作業を止めようと近づいたときに柱筋が当たったものである。</td></tr>
<tr><td></td><td>主なる発生原因</td><td>防止対策</td></tr>
<tr><td>人的要因</td><td>1. 鉄筋工Aは一人で作業ができると思ってしまった。
2. 指示された作業方法を守らなかった。</td><td>職長から指示された作業方法は必ず守る。</td></tr>
<tr><td>管理的要因</td><td>通常、行わない作業（柱筋圧接位置の変更）のため、作業手順書を作成していなかった。</td><td>作業手順書を作成し、作業員に周知する。</td></tr>
<tr><td>職長への一言</td><td colspan="2">・通常作業に対する手順書は作成しているものの、臨時の作業やイレギュラーな作業では作業手順書を作成せず、口頭の指示となりがちです。予想される範囲の作業内容については、作業手順書の作成をお願いします。
・また、指示した作業方法は必ず守らせることと、守る雰囲気づくりが重要です。配下の作業員に対する教育も欠かさずお願いします。</td></tr>
</table>

　このように深く掘り下げてみると、いろいろな災害事例からも様々な災害に関わる要因を導き出すことができる。

「なぜ」という観点からアプローチを試み、導き出された危険有害要因が多いほど、多様なエラーを対象とした検討が可能になる。

　災害事例から、様々な要因を組み合わせ、あるいは組み替えることにより、災害に繋がり得る可能性を抽出し、その対策を検討することで、将来起こるかもしれない災害に対して事前に対応が可能となる。

編集後記

建設現場の安全衛生のキーマンとして日夜たゆまぬ努力をされている職長の皆さんが、労働災害を起こさないために知っておくべき専門知識、実行しなくてはならない役割と責任を改めて整理し、“職長能力の一層の向上”につながるノウハウをまとめたのが、このテキストです。災害ゼロは元請だけでも、協力会社幹部の努力だけでも成し得ません。作業員さんたちと接する時間の長い皆さんには、「現場は職長でもつ」の心意気を持って、一緒に汗を流す仲間から一人の被災者も出さない取組みの陣頭に立ち、リーダーとしての力を発揮していただきたいと思います。本テキストが、そのときの実務と発奮のための教材として活用されることを願っています。

職長能力向上教育テキスト作成部会

建設労務安全研究会

教育委員会　　職長能力向上教育テキスト作成部会　会員名簿

（平成 19 年 6 月初版発行時）

理事長	野中　格	（株）熊谷組
担当副理事長	豊田　文延	五洋建設（株）
教育委員長	中野　喜明	飛島建設（株）
教育副委員長	柴田　正義	馬渕建設（株）
〃	堀内　睦雄	（株）奥村組
委　員	星　雅道	飛島建設（株）
〃	三浦　良一	（株）浅沼組
〃	及川　豊	五洋建設（株）
〃	白土　正巳	小田急建設（株）
〃	高田　和憲	東洋建設（株）
〃	八木　幹夫	（株）熊谷組
〃	新澤　良秋	東亜建設工業（株）
〃	木村　豊	（株）錢高組
〃	池松　正一	東急建設（株）
〃	木野　一弘	（社）日本鳶工業連合会
〃	大木　勇雄	（社）日本建設躯体工事業団体連合会
〃	大鋸　脩	（株）地崎工業
〃	野田澤　隆	戸田建設（株）
〃	田中　孝男	西松建設（株）
〃	曽我　薫	日本国土開発（株）
〃	赤松　由通	日本国土開発（株）
〃	佐藤　明弘	大末建設（株）
〃	渡辺　康史	鉄建建設（株）
〃	服部　満	（株）ピーエス三菱
〃	池田　義信	みらい建設工業（株）
〃	平田　勝宏	りんかい日産建設（株）
〃	村野　圭二	（株）奥村組

上級職長レベルアップ教育テキスト

職長の能力向上のために 第3版

知識の再確認と悩みの解決に向けて

2007年 7月 9日 初版
2021年 10月 18日 第3版
2023年 7月 3日 第3版第2刷

編　　者　建設労務安全研究会

発 行 所　株式会社労働新聞社
〒173-0022 東京都板橋区仲町 29-9
TEL：03-5926-6888（出版） 03-3956-3151（代表）
FAX：03-5926-3180（出版） 03-3956-1611（代表）
https://www.rodo.co.jp　pub@rodo.co.jp

表　　紙　尾﨑 篤史

印　　刷　モリモト印刷株式会社

ISBN 978-4-89761-870-8